坂倉準三の都市デザイン
新宿駅西口広場
新宿駅西口広場建設記録刊行会 編著

鹿島出版会

新宿駅西口広場建設記録刊行会
　小川準一
　阪田誠造
　田中一昭
　藤木忠善
　萬代恭博
　水谷碩之
　山名善之
　　（50音順）

坂倉準三の情熱──序文にかえて

このたび西口広場の竣工50周年を機に本書が出版されますことは，日本の都市デザイン史にとって大変重要な意義があります．
建築家としての役割と社会貢献についての貴重な資料として，今後の都市デザインに少しでもお役に立てれば幸いであります．
出版が可能になったことは，ひとえに藤木忠善氏が中心となった刊行会の皆さまのご努力の賜物であり，鹿島昭一最高相談役のご決断のお陰であると，心より敬意を表する次第であります．

坂倉準三の都市デザインに対する想いは，師であるル・コルビュジエから学んだ建築家としての志を引き継ぎ，大阪難波，渋谷のターミナルデザインを経て新宿駅西口広場に繋がりました．
複合施設としてあくまでも人々に愛される建築空間を願ったその強靭な熱意は，建築と土木，行政と民間といった大きな壁を打ち破り，人に優しい流動性の良い建築空間を実現出来たのだと思います．
1937年のパリ万博日本館，鎌倉近代美術館などの「歩いて感じる建築」という坂倉準三の思想は，住宅から都市デザインまで一貫しており，「人のための建築」を目指した彼のひたむきな情熱が伝わってきます．

竣工後，半世紀を迎える新宿駅西口広場は「太陽と泉のある立体広場」として当時は画期的であったものの，時代の変遷によってその意義は変化していきます．
新たな構想も生まれてくることになるでしょうが，人の幸せを願うその建築理念は変わることなく後世に継承されることを願います．

坂倉建築研究所代表取締役会長 坂倉竹之助

白馬ケーブルに乗る坂倉準三
ヨーロッパで本場のスキーを学んだ坂倉準三は東急社長,五島昇の依頼で設計した白馬東急ホテルに滞在し,束の間の余暇にスキーを楽しんだ.彼は建築の道と同じく,一流のコーチを求め皇族のスキー指南役西村一良門下となり,仕事仲間でスキー好きの岡本太郎,亀倉雄策と腕前を競った.　　　　　　　　　　（1960年1月,撮影＝藤木忠善）

坂倉準三（さかくら　じゅんぞう）

1901年清酒千代菊醸造元13代坂倉又吉の四男として岐阜県羽島郡（現羽島市）竹鼻町に生まれる．1919年岐阜県立岐阜中学校卒業．1923年第一高等学校文科2類独文科卒業．1927年東京帝国大学文学部美学美術史学科美術史卒業．1928年近衛歩兵第1聯隊に幹部候補生として兵役．1929年渡仏，パリのエコール・スペシアール・デ・トラヴォ・ピュブリックにて建築を学ぶ．1931年ル・コルビュジエのアトリエに建築，都市計画の研究，実施に当たる．1936年帰国，巴里博覧会協会の依頼によりパリ万博日本館建築のため再渡仏．1937年パリ万博日本館で建築部門グランプリ受賞，ル・コルビュジエの都市計画に協力．1939年帰国．1940年坂倉建築事務所設立（1946年坂倉準三建築研究所に改称）．1958年ル・コルビュジエの国立西洋美術館建設に協力．1960年世界デザイン会議実行委員長．1964年日本建築家協会会長．1965年東京都建築審議会委員．1967年建設省建築審議会委員．1969年心筋梗塞のため死去，享年68歳．正五位勲三等瑞宝章受章．

主な作品 = 1951年神奈川県立鎌倉近代美術館．1954年東急会館．1955年国際文化会館（日本建築学会賞（共同））．1957年南海会館．1959年羽島市庁舎（日本建築学会賞）．1961年塩野義製薬中央研究所．1966年神奈川県新庁舎．1966年新宿駅西口広場及び地下駐車場（日本都市計画学会石川賞，日本建築学会賞（共同））．1967年新宿西口小田急ビル．

海外活動 = 1937年CIAM国際常任委員．1951年サンパウロ・ビエンナーレ国際美術展建築審査員．1955年ディーゼル博士記念庭園（独）造園設計．1960年メキシコ建築家協会名誉会員．ミラノ・トリエンナーレ展日本代表委員．1967年アメリカ建築家協会海外名誉会員．1969年日本駐仏大使公邸建設協力，タイ国職業教育学校建設協力．

主な著書・訳書 = 『選択・伝統・創造——日本芸術との接触』（共著，小山書店，1941年）．ル・コルビュジエ『マルセイユの住居単位』（訳，丸善，1955年）．ル・コルビュジエ『輝く都市——都市計画はかくありたい』（訳，丸善，1956年）．小林秀雄ほか編『20世紀を動かした人々 第7巻 近代芸術の先駆者ル・コルビュジエ』（講談社，1964年）．『現代建築家シリーズ ル・コルビュジエ』（共著，美術出版社，1967年）．

（上）開口部の連なる曲線，動水池の水のきらめき，地下広場の人の動き．正面は小田急百貨店（ハルク），右側に地下鉄ビル，左側にスバルビル

（右）地下広場コンコース，京王百貨店方向を見る．右側は中央開口部分（タクシー乗り場）．床はこの広場を特徴づける磁器タイルの円形パターンが広がる

1966年竣工時の新宿駅西口広場

1966年竣工時の
新宿駅西口広場

（左）中央開口ランプウェイを
支える4本柱のアーチ

（下）中央開口の北側．ロータリ
ーの車列と地下広場の人の動き

（上）西口広場俯瞰，左側は小田急ビル（工事中）と京王百貨店

（下）中央開口とランプウェイ，アイランドの動水池と照明塔．安田生命ビル（左）とスバルビル（右）の間に延びる街路4号線の先は造成中の新宿副都心

新宿駅西口広場及び地下駐車場

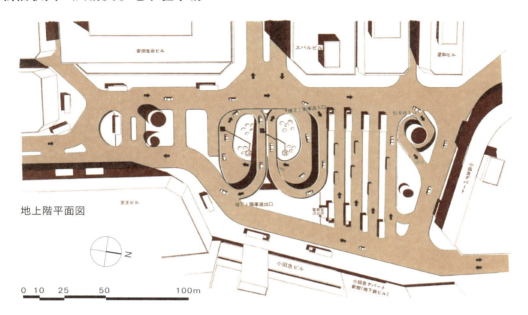

地上階平面図

0 10 25 50 100m

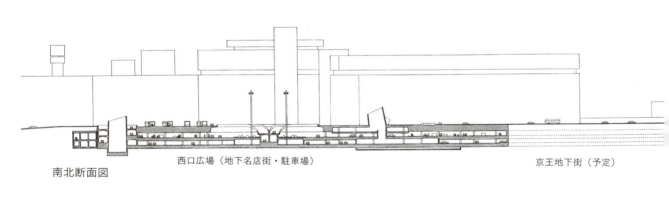

西口広場（地下名店街・駐車場）　　京王地下街（予定）

南北断面図

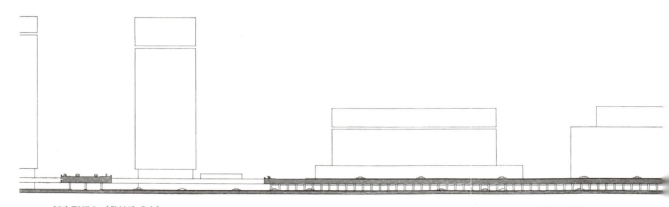

新宿副都心（敷地造成中）　　街路4号線

東西断面図

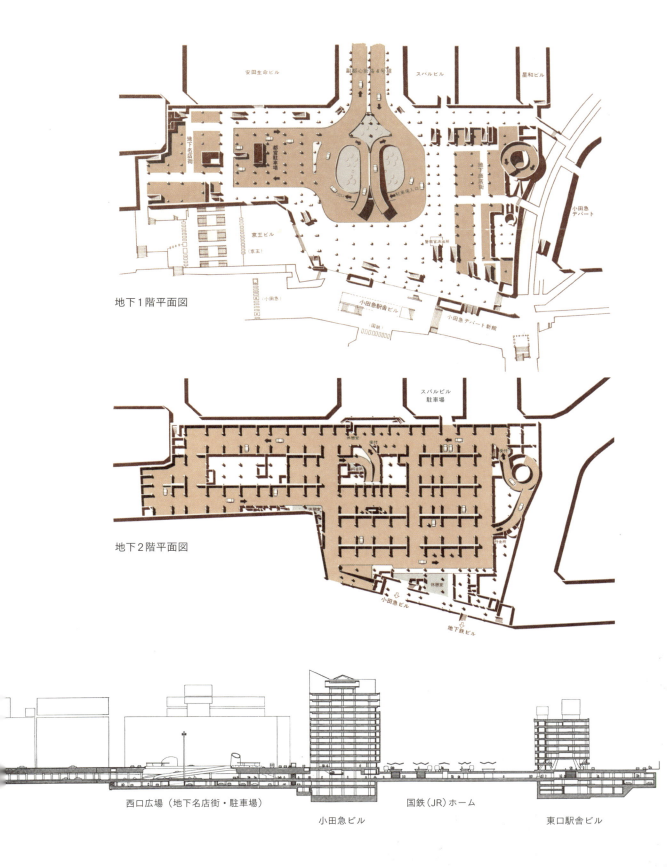

（上）北西から見た西口広場，アイランドの動水池は植栽になり，バス乗り場の屋根が設けられた

（左）中央開口とランプウェイ，西に延びる街路4号線は西口広場から新宿副都心へのアクシスを形成

50周年を迎えた新宿駅西口広場

目次

序文　　坂倉竹之助　3
まえがき　　14

第1章　建設経緯
1　計画の始まり　19
2　基本設計の経緯　20
3　実施設計と監理の経緯　30
4　竣工後の西口広場　43

第2章　新宿駅西口広場の記憶
1　新宿副都心開発計画における駅前広場の立体的造成　　堀内亨一　53
2　都市施設としてのターミナル周辺　　東　孝光　57
　　その複合化の生態について
3　新宿駅西口広場と自動車駐車場の設備　　森新一郎　65

第3章　坂倉準三と都市デザイン
1　坂倉準三の人柄と人脈　そして都市デザイン　　藤木忠善　81
2　坂倉準三の建築に隠れた都市性の発見　　萬代恭博　93
3　輝く都市《La Ville Radieuse》 坂倉準三の見た1930年代の　　山名善之　103
　　ル・コルビュジエ・アトリエにおける実験

資料編
1　新宿駅西口広場及び地下駐車場・小田急ビル　建設経緯年譜　119
2　新宿駅西口広場及び地下駐車場・小田急ビル　参考文献　120
3　坂倉準三の都市デザイン関係　参考文献　125
4　新宿駅西口広場　建設関係者資料　127

あとがき　130

まえがき

　東京都は1958年に都心に集中した業務機能を分散するため，新宿，池袋，渋谷を副都心として開発する副都心計画を策定した．その後，新宿駅西口広場および地下駐車場は1960年に東京都市計画地方審議会により決定された新宿副都心計画の要として1964年に着工，1966年に完成した．

　戦後，東京の人口が西側に発展したため，新宿駅西口には100万人を超える乗降客があり，国鉄，小田急，京王，地下鉄，バスなどの相互乗り換えのため，コンコースを連続し共有する必要があった．そのうえ，土地の所有関係の解決など各社の協力が必要であった．また，多くの車の走行が予想される地下広場の空気環境を確保するための換気設備，駅ビルのための業務用駐車スペースなど，当時施行された駐車場法に対応した十分な地下駐車場の設置などが要求されていた．

　当時はまだ終戦後の復興期であり，東京都も鉄道会社も首都復興に向かって燃えていた時代であった．この施設は広場中央に穴を開けるなど，多くの問題を解決して実現にこぎつけたが，それは東京都の決断，四者協定を交わして協力した国鉄，小田急，京王，首都高速交通営団，さらには，東京都が事業実施のために設立した新宿副都心建設公社などが一致協力して事に当たった賜物である．

　新宿駅西口広場は新宿副都心建設公社の特許事業であったが，その実施は

小田急電鉄に委託された．また，地下駐車場は小田急電鉄の特許事業となり，西口広場とともに，その設計監理は坂倉準三建築研究所に発注された．このような経緯から坂倉準三は既に設計を受注していた新宿西口の駅ビルである小田急ビルの規模とあわせて延べ 150,000m^2 の設計監理を任されることになった．坂倉準三の大阪難波，東京渋谷のターミナル設計で築いた実績を考えると，それは自然の成り行きでもあった．これで新宿駅西口の小田急ビルと広場および地下駐車場の設計が一人の建築家によって統括されるという望ましい条件が実現した．建設工事は広場を鹿島建設他 3 社，駅ビルを竹中工務店が担当し，工事中も駅の機能を中断することなく無事竣工した．

　新宿駅西口広場が求められた機能を果たすだけではなく，地下にありながら行き交う人々に太陽の光と広がりのある都市的な景観を提供できたとすれば亡き坂倉準三と担当者一同の喜びである．新宿駅西口広場および地下駐車場は，竣工後，半世紀を迎えるが，その建設記録は残念ながら断片的な資料しか残っていない．幸い，当時の坂倉準三建築研究所の担当者たちが資料を集め，調査し，記憶を甦らせて，まとめたのがこの本である．この機会に建設当時の記録が出版され，一つの戦後史として将来への参考になれば幸いである．（阪田誠造）

この書を建築家坂倉準三と
新宿駅西口広場及び地下駐車場の
建設に関わったすべての方々に捧げる

第1章 建設経緯

1　計画の始まり

　石川栄耀東京都都市計画局長のもとに1946年から戦災復興土地区画整理事業がスタートした．この事業によって新宿駅西口広場の面積も規定されていた．後に，新宿副都心計画［*1］が始まり，その交通量をさばくには定められた面積では足りず，広場の立体化が求められた（図1, 2）．

　小田急電鉄は1951年に，この土地の発展を見越して西口広場下に地下駐車場，地下道の建設を東京都に申請しているが，その意図が15年後の1966年に実現したことになる．小田急は1959年に臨時建設部［*2］を立ち上げ，坂倉準三建築研究所の協力を得て，ビル建設と西口の開発を構想し，国鉄，小田急，京王の三者間で工事に関する覚書を締結したが，百貨店を含む複合ビルを建てても，地上では駅前広場に面しているものの，国鉄，京王ビル，地下鉄ビルに阻まれて百貨店の業務用駐車スペースや仕入れ口が確保できないという事情があった．一方，国鉄側には従来の改札までしか土地を所有していないため，利用者が広場に至るには，小田急の土地［*3］を通り抜けなければならない．これらの事情を解決する目的で1961年に四者協定［*4］が締結された．一方，東京都は西口広場と地下駐車場を新宿副都心計画の要と考えていた．これらの諸条件が官民協力の方向を決定づけ，新宿副都心建設公社［*5］に西口広場建設の特許を，小田急電鉄に地下駐車場建設の特許を与えた要因である．最終的に新宿副都心建設公社は設計も含めて西口広場の建設を小田急電鉄に委託した．

図1　新宿副都心計画及び事業区域図．公社施行区域（50ha）と都施行区域（6ha）が区分け明示されている

図2　1960年当時の新宿西口．前方に広がる淀橋浄水場．手前は国鉄（JR）と小田急線，京王線の新宿駅．右手前に西口駅前広場

2　基本設計の経緯

　1959年10月の国鉄, 小田急, 京王3者の新宿駅改良に関する覚書締結の頃から坂倉準三建築研究所の阪田誠造が駅を含む小田急ビルと広場の計画の全体を調整していた. 新宿駅西口広場の計画は東京都建設局都市計画部, 同首都整備局都市計画第2部 [*6] において計画されていたが, これに坂倉所員の小川準一が協力するという体制で進められた. 1960年からは藤木忠善がこれに加わる. 1959年の着手当時は, 広場の図面は小川準一が首都整備局都市計画部の指示を受け, 坂倉の設計室で製図板の両側から大判のトレーシングペーパーを垂らしてT定規も使えず苦労して図面を書いていた. CADがない時代, 柱はゴム印で押しながら都の密閉式換気塔案が具体化していった.

　1960年代は各地で駅前広場や地下商店街の再開発が進行していた. 1963年には大阪梅田に地下街が誕生した. 村野藤吾デザインの換気塔が有名だったが, 地上のビル街の不整形の道路パターンがそのまま地下通路と商店になった結果, 迷路状となった. 東京でも1966年, 新橋駅汐留口再開発事業が竣工した. これは当時, 東京都首都整備局において新宿駅西口広場の基本設計と同時進行していた. これは同地を占拠していた飲食店街を整理し駅前ビルに収容し, 地上を交通広場, 地下を駅コンコースと商店街にする計画で, 実施設計は佐藤武夫事務所であった. この事業を東京都から先例として示された坂倉は「そこには何もない」と関心を示さなかった.

　1961年になり, 広場の中央に穴を開ける案が浮上した. 当初, 首都整備局都市計画部が決めた事

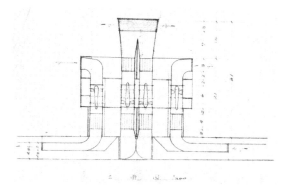

図1　東京都の密閉式換気塔案 (初期の機械給排気案) 断面. 中央に排気ファン, 周囲に給気ファンを配置. 高さ31m. 臨時技術委員会資料, 都の指示で坂倉準三建築研究所作成, 1963年9月19日

業計画では地下広場, 駐車場への車路以外は密閉され, 地上広場の中央には換気塔が計画されていた. いわゆる密閉式換気塔案である (図1).

　首都整備局は地上レベルの中央部を駐車場として, また, 都バス乗り場として確保したいと考えていた. しかし, 実際には給排気の処理が難航し, 中央に排気ファン10数基を備えた6, 7階建ての換気塔ビルが必要と分かり, 広場の景観にも疑問を感じさせるうえ, 駐車スペースもバス乗り場も, あまり取れないことになってきた. 1961年, 坂倉準三建築研究所の阪田誠造と小田急臨時建設部 [*2] の設備担当の千々波天身氏は, このような換気塔案の検討過程に限界を感じ, いっそのこと, 中央に穴を開けたらと考えた. この案に東京都の担当者はバス停や駐車スペースが開口の吹き抜けで消滅すると反対した. しかし, この提案が坂倉準三の

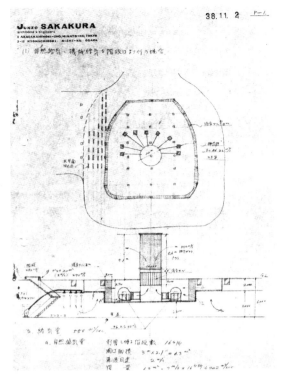

図2-1

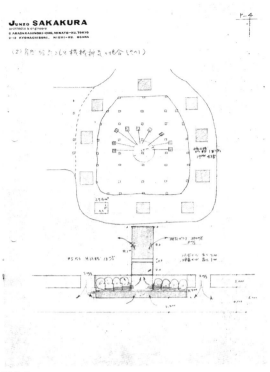

図2-2

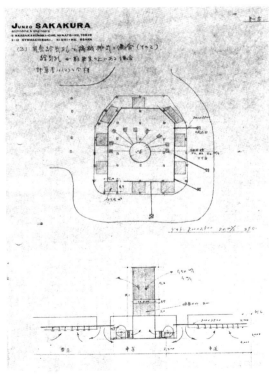

図2-3

図2-1　東京都の密閉式換気塔案（自然給気と機械給気を階段口より行う案）．臨時技術委員会資料，都の指示で坂倉準三建築研究所作成，1963年11月2日

図2-2　東京都の密閉式換気塔案（自然給気孔と機械排気の案）．臨時技術委員会資料，都の指示で坂倉準三建築研究所作成，1963年11月2日

図2-3　東京都の密閉式換気塔案（自然給気孔と機械排気案，給気孔が駐車場の上にある場合）．臨時技術委員会資料，都の指示で坂倉準三建築研究所作成，1963年11月2日

第1章　建設経緯　21

琴線に触れ，後の中央穴開き案の実現となった．坂倉は，都の換気塔ビルの案を見て，「こんなものを真ん中に建てられますか」と無視していたが，これで名案を得た．要するに彼は地下が嫌いなのだ[*7]．

阪田誠造は小田急ビルの設計がラッシュを迎え，それに専任することになり1962年，小川準一とともに既に，この計画に携わっていた藤木忠善に中央穴開き案の推進役が託された．既に決定していた都の事業計画である密閉式換気塔案を強く推したのは，東京都交通局である．広場着工前は地上中央に38バース（停車ロット）の都バス乗り場があり，中央穴開き案では，それが期待できないことが理由である[*8]．一方，消防庁は災害時の避難，救助や排煙などの利点から中央穴開き案を支持し，唯一の味方という状況であった．

当時，坂倉準三建築研究所が「新宿西口広場及駐車場第一案（坂倉案）の特色について」と題して都に提出した文書を以下に再録する．

「中央開口部は何故必要か──本計画が完成した暁には，国鉄，小田急，京王帝都，地下鉄などの乗降客及周辺建物並に浄水場跡建物群の誘致人口が，地下1階に集まり，多数の歩行者及自動車交通が予想される．したがって，地下1階は単に駐車場であるのみならず，西口における最も重要な広場としての機能と環境を確保する考慮がなされねばならない．このためにはそれの機能を満足させるとともによりよき環境を作る方法として，地下1階中央上部を大きく開口させ，地下1階歩道にまで，自然光線を取り入れ，地上広場との空間的つながりを得，地上地下一体となった有機的かつ「自然」な駅前広場の計画がなされなければならない．

地下1階車道の換気は如何にするか──多数の歩行者及自動車交通が予想される地下1階広場の換気については，そこで発生する有毒ガスの大部分を上部開口部よりの自然換気とし，残余の分及コンコースへの悪影響を考えて，車道周囲のコンコース部分を大気圧より高く保つような給気設備を設けることにより，中央開口部へ向かって，排気される．

地上突出物は出来るだけ少ない方がよい──地上広場における駅前及副都心街路，バスターミナル及周囲建物との視覚的連携は歩行者及自動車交通の円滑化を図るため，また，広場の美観上からも，是非必要である．したがって，地上突出物は最小限にとどめられるべきである．本案においては，全機械換気案に比較して当然給排気量が少なくてすみ，しかも，最も重要な広場中央には何らの突出物も必要としないので前記のような条件を満足することが出来る．

何故，スロープが中央にあるか──中央開口部に設けられた斜路は，同心二重重層らせん式斜路であるため，充分にゆるやかな勾配とすることが出来，占有面積も小さい．また，この斜路を広場自動車動線の中央に位置させることによって，地上地下ともに，全く，自動車の交錯をさけることが可能となる」（以上原文のまま，日付不詳）．

1963年，地下広場の換気方法の検討のため臨時技術委員会[*9]および，その下に換気分科会が設置され，必要換気量の設定，風洞実験[*10]などを含め，都側の密閉式換気塔案の検討，坂倉提案の中央穴開き案の検討，各案の比較検討に3年を超える時間が費やされた[*11]（図2~4）．

担当の藤木忠善と小川準一は，共に東京芸大で石川栄耀から都市計画を教わっていたが，道路設計の授業はなかった．当時，この二人は池袋副都心計画（住宅地区は林泰義氏協力）を兼任していたので，交通工学の本や土木のハンドブックを参考にしながら，同センタービル（現在のサンシャインシティ）への首都高速からの取り付け道路を設計していた．その経験から中央穴開き案の地上と地下を結ぶスロープの，あらゆるパターンを検討し現在の形に落ち着いた（図5）．また，淀橋浄水場跡地に造成される業務センターおよび首都高速に結ばれる

図3　第1案（坂倉案＝中央穴明案）の換気方法について．臨時技術委員会資料，坂倉準三建築研究所作成，1963年10月15日

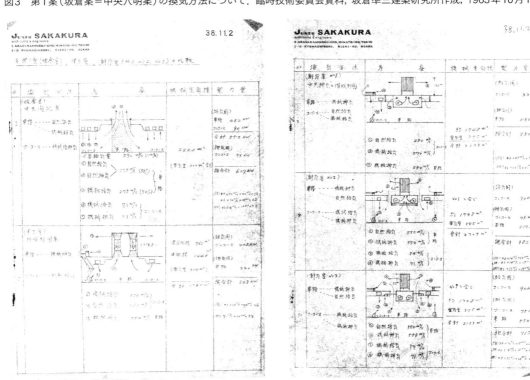

図4　第1案（坂倉案＝中央穴開案），第3案，都庁案（No.1, No.2, No.3）の比較．第3案は階段利用案．臨時技術委員会資料，坂倉準三建築研究所作成，1963年11月2日

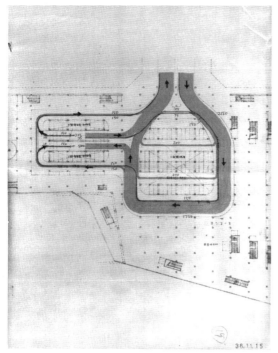

図5-1　中央斜路の検討図（密閉式換気塔案）．斜路は南側にあり中央部分の駐車場は上部が換気塔の機械室となるため天井高が取れず乗用車専用．臨時技術委員会資料，都の指示で坂倉準三建築研究所作成，1963年11月15日

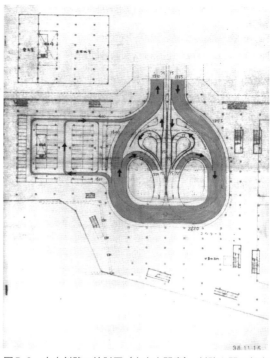

図5-2　中央斜路の検討図（中央穴開案）．斜路を開口部中央に配置する初期の案．臨時技術委員会資料，坂倉準三建築研究所作成，1963年11月15日

東京建築研究

新宿駅西口地下広場及び地下駐車場工事躯体工事費中央部開口部の有無による比較表 39.1.8

	中央開口部がない場合		中央開口部のある場合	
1.土工事	250.000.- × 2000.-	500.000.000.-		500.000.000.-
2.鉄筋コンクリート工事	40.000.- × 15.000.-	600.000.000.-	38.800 × 15.000.-	579.000.000 ~~582.000.000~~
3.鉄骨工事	350 × 120.000.-	~~60.000.000.-~~ 42.000.000	200.- × 120.000.-	24.000.000.-
計		1,192,000,000.-		1103.000.000
合計		1.370.400.000.-		1323.600
差額				46.800.000 ~~64.800.000~~

No. 1

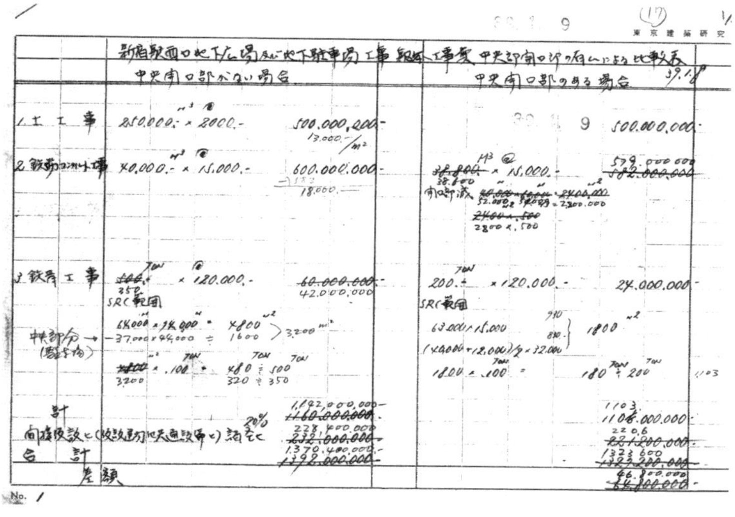

図6　中央部開口部の有無による躯体工事費比較表．土工事，鉄筋コンクリート工事，鉄骨工事，仮設工事についての費用比較．開口部がある方が4,680万円少ない．差は少ないが中央穴開案決定の一つの理由となる．東京建築研究所（新宿西口広場構造担当）作成，1964年1月9日

予定の幅員40mの4号線はその一部を2層として地上と地下の広場に導入された．図面からは地下広場の完成した姿が委員などに理解されず，止むなくニューヨーク国際空港ユナイテッド航空ターミナルビル（設計SOM，1960）の出発階の車寄せの写真（SOM作品集所載）をコピーして実現した姿の例として首都整備局都市計画部に提出し会議資料とした．

密閉式換気塔案と中央穴開き案は，あらゆる面から比較検討されたが，自然光による採光，自然換気による電気料金の低減，換気塔不要による騒音・工事費の低減，排煙など防災面での利点などから1964年1月31日の第10回の臨時技術委員会で3,000㎡（南北60m×東西50m）の中央穴開き案を結論とし，広場の南北に自然換気筒を設けること，各所の地上への階段は排気に当て，その一部に吸気塔を設け，中地階に置かれた54台の換気ファンによる補助の機械換気を行うこと，自家発電，CO検知機などの設置などが決められた（図6）．

この結論は5人委員会で追認され，歩道，店舗，出入り斜路の配置等が決められた．中央穴開き案の最終決定は1964年2月3日の東京都都市計画地方審議会（於新宿東京会館）に委ねられた．審議会は秘密会のため委員以外は入れず，説明役として坂倉に同道した藤木，小川は廊下で待つよりなかった．やがて，会議場の扉が開き委員が退出．坂倉の「決まりました」の言葉が耳に入った．さらに，1964年2月3日，東京都都市計画地方審議会（秘密会，於新宿東京會舘）において決定された．この決定により地下駐車場を含む広場全体の基本設計が確定．そして広場中央の換気塔ビルが同心二重重層螺旋のスロープに替わり，淀橋浄水場跡の副都心地区に向かう新宿副都心街路4号線をアクシスとして，京王百貨店，小田急百貨店，地下鉄ビル，小田急ハルクのビル群が西口広場を囲む都市的な景観を持ったオープンスペースを形成するという坂倉準三の夢が実現することになった．

地下駐車場については，当初，都の事業計画では190台を予定していたが，1960年，駐車場法[*12]が施行になり，小田急ビル，地下鉄ビルの建設による付置義務が生じ，それを地下2階公共駐車場に収容するため規模は420台となった．この他に都営駐車場47台（地下1階の一時駐車場，現在はイベントスペース）があり計467台．なお，地下2階駐車場への出入口は地上北側の換気塔の周囲を廻って，地上から地下2階に直接アクセスする二重螺旋の斜路と，中央開口の地上からのランプウェイ直下に設けられた地下2階への斜路の2か所である（小田急ビルの付置義務駐車場の一部はビル2階南側人工地盤にある）．

中央開口やランプウェイの形態，北と南の円筒型換気筒のデザイン，地下駐車場広場を含む基本設計は1964年2月に完了し，確認申請の準備が整い，また，全ての法的認可と条例もクリアされた（図7，8）．

これを機に担当の藤木忠善は同年5月に，同じく小川は同年9月に退所した．二人は海外への関心が強くなり転機を求めた．藤木は母校（東京藝大）の教職に就き，翌年に世界一周の旅へ，小川はデザイン修業のためパリへ向かった．実施設計は坂倉準三の指名で大阪支所から急遽呼ばれた東孝光を主任とした田中一昭他のチームに託された[*13]．

基本計画担当は阪田誠造（1959～，1960年より小田急ビル専任），基本設計担当は小川準一（担当期間1959～1964年），藤木忠善（担当期間1960～1964年），（この他，谷内田二郎，吉村健治両名が渉外，工期，工事費などの担当として竣工まで全体を通して関与）．

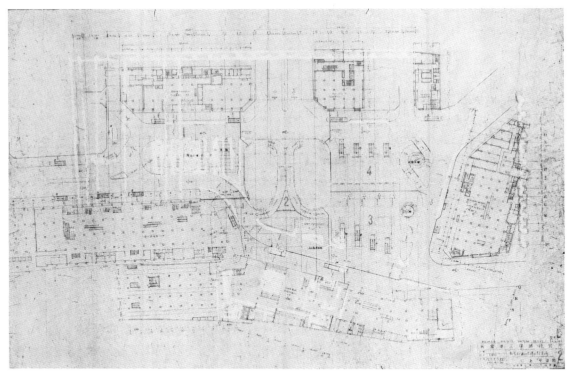

図7-1　地上階平面図

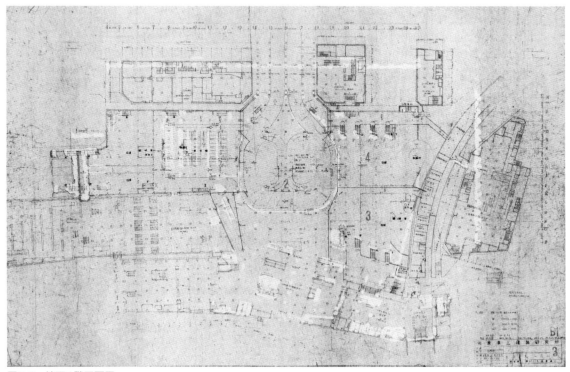

図7-2　地下1階平面図

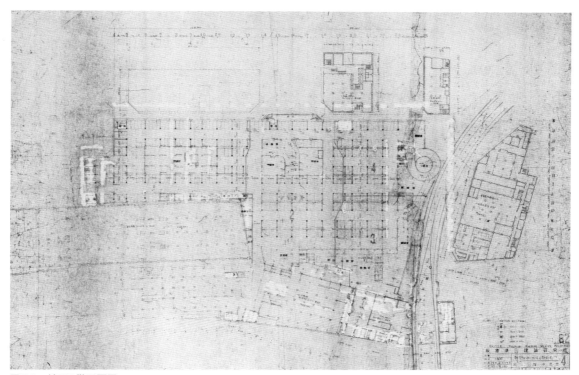

図7-3　地下2階平面図

基本設計図（平面図 原縮尺1/500）

第1章　建設経緯　27

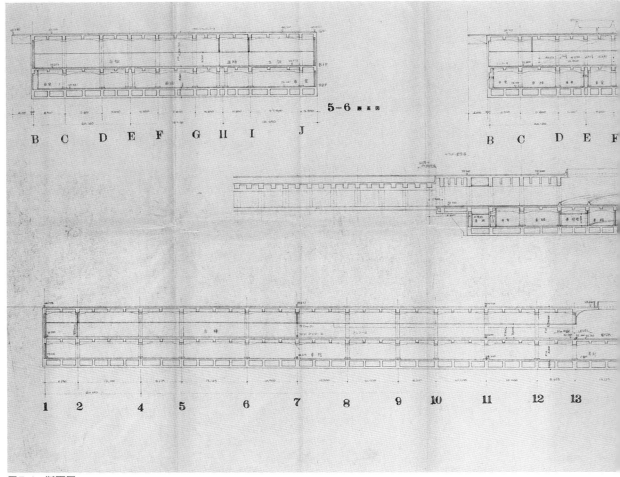

図7-4 断面図

基本設計図（断面図 原縮尺1/200）

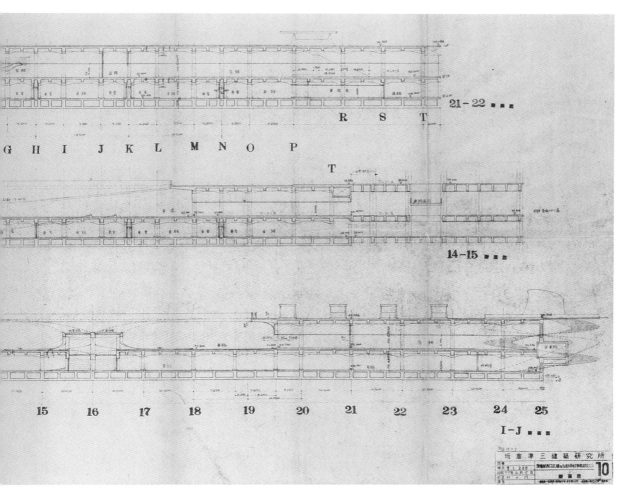

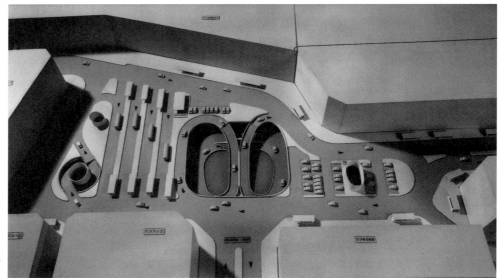

図8 基本設計図に
基づいた模型俯瞰

第1章 建設経緯 29

3 実施設計と監理の経緯

　地下駐車場の設計者選定は1964年3月，小田急電鉄により，当初，13社が選ばれ，地下駐車場設計の専門性，実績などから石本，日建，坂倉の3社に絞られ，最終的には土木的構造物設計の実績と既に小田急ビル設計者であることから坂倉準三建築研究所に決定された．また，地上，地下広場の設計者選定は同年4月，新宿副都心建設公社から西口広場建設の実施を委託された小田急電鉄により，建設省大都市再開発問題懇談会，日本道路公団施設検討委員会の委員であって，副都心計画への理解と道路の知識があり，加えて小田急ビルの設計者であるという理由から坂倉準三建築研究に決定された．これで小田急ビルと西口広場・地下駐車場を加えて総面積147,000㎡（地上広場24,600㎡を含む）の規模を一人の建築家がまとめるという稀有な条件が得られ，小田急ビル，立体的な駅と広場，地下駐車場の一体的設計が可能になった（図1-1，1-2）．これは，坂倉の行政と施主に対する長年にわたるコンサルタントとしての協力が結実したものだ．

　1964年4月，設計を受託した坂倉準三建築研究所において実施設計がスタート，完了は同年7月．実施設計図書は建築図42枚（他に仮設及び土工事関係図20枚），構造図81枚，設備図84枚，構造計算書，建築，構造，設備の各仕様書などである．これらの図書は，急がれた確認申請のために，多くの不確定の要素を抱えながら，短期間に作成されたこともあって，内容は一般図を超えるものではなかった[*14]．このため，本来の実施設計（詳細設計）は，現場監理開始とともに，工事の進捗状況を見ながら順次行うことになった．

　設計を進めるに当たっては，通常の建築では考慮することのない広場特有の多くの課題を解決する必要があった．それは，広場に接する周辺ビル（小田急，地下鉄，京王，安田生命，スバル，サッポロ〔星和〕）やメトロプロムナード，副都心へ至る街路4号線へのレベル調整を伴うエキスパンションジョイント接続処理，甲州街道側に予定される京王地下街への接続準備，既存地中埋設備配管類の広場東西両端に沿って走る共同溝[*15]への移設などである（図5-1）．ちなみに，地上広場中央部の南北端の床レベル差は1.5m以上あり，地上はもとより地下1，2階の一部を除いて水平な床は存在しない．これら設計以前の問題を解決するための協議，調整に多くの時間が費やされることになった．

　この広場を実現するための実施設計の根底にあった考え方は，「広場の広がり，連続感，一体感を損ねないように」というものであった．そのために，例えば，広場の個々の部分において単独に自己主張することはせず，できる限り同じデザイン，同じ材料とニュートラルな色調を広場全体に繰り返し使う．そうすることによって，隣接するビルの表情や周囲施設のスペースの特徴を広場に無理なく取り込み，間接的に広場そのものを活性化させ特徴づけ，多様な外部の要素をそのまま自己同化してしまう，いわば「透明な空間」が求められた．

　快適な広場になるようなデザイン的な追求は工事の進行に合わせて最後まで続けられた．広場の中央開口部とランプウェイ（図5-3～5-5），コンコース床のタイル模様，アイランドの水のデザイン（図5-6）

図1-1　着工直前の西口広場バスターミナル（1964年）．右手奥の工事仮設事務所に，広場とほぼ同時着工となる「新宿西口駅本屋ビル（小田急ビル）新築工事」の看板が見える．左手は小田急百貨店（ハルク）．右手京王百貨店は視角から外れている

図1-2　着工直前の西口広場バスターミナル（1964年）．手前バス乗場部分が中央開口部となる．左手奥は工事中の京王百貨店（11月竣工），右手奥は安田生命ビル

図2-1 工事は広場北側から始まった．この部分のバス停が完成し使用開始後，左手前中央開口部の工事に着手．正面は小田急百貨店（ハルク）

図2-2 工事終盤の西口広場中央開口部．ランプウェイが姿を現わし，2基の照明塔が立ち上がった

図2-3 工事完成間近の西口広場．南側2つの換気塔は型枠の中．姿を見せる中央開口部先のバス停は運用開始されている

と広場の照明，4つの換気塔と18か所の地上への階段，南北の地下名店街，地下駐車場（打ち放し躯体表現），地上アイランドと歩車道境界プラントボックスと植栽，広場案内標識（GKデザイン研究所）などについてである．

　これらのうち，この広場を特に印象づけていると思われる部分について触れておきたい．まず，コンコース床のタイル模様と，アイランドの水のデザイン．前者に関しては，「広場全体に方向性を感じさせないデザイン」という方針が現場で採用された．林立する柱の周りに，白御影調タイルを同心円状に貼りアイランドをつくり，柱と柱の間もそれを次々に並べ，残った空隙部をやや小ぶりの暗色丸形タイルで埋めることによって全方位へ連続感のある空間をつくりだした [*16]．このタイルパターンは1年遅れて完成した小田急ビル構内（小田急と国鉄（JR）コンコース）床にもほぼ同一のデザインで用いられ，西口広場へと地下空間全体の一体感をつくりだすこととなった．後者に関して，坂倉には，広場の雰囲気を和らげるために，車と人の動く以外の部分は水を湛えた広場にしたいという構想があった．緑を広場に持ってきても，自動車交通が集中するため維持が難しいと考えた．工事が終盤に近づいた頃，この構想は地上と地下1階広場の計

第1章　建設経緯　33

7か所の噴水池アイランドとして正式に東京都に提案された（1966年2月）．予算上の制約もあって，最終的には地下広場開口部のランプウェイの周りを囲む3か所の青い色調のタイルで彩られた噴水池として実現した [*17]．噴水は坂倉の考えで，様々な大きさの偏心した富士山型の突起頂部（高さ1.05m～1.55m）から水が溢れ出て，池に絶え間なく波紋をつくる「動水」のデザインとなった．山型の配置については，模型上で検討が重ねられ，その形状については，現場で原寸模型を用いて決定された．

地上広場には南北に給気，排気の2基，都合4基の頂部を斜めにカットされた円錐状の換気塔がある．これらは，地下2階の駐車場と地下1階の店舗（名店街）の給排気設備機能の役割を果たすものであると同時に，デザイン的にも平面的な広場の景観に立体的活気を与える重要なファクターとなっている．特に南側の近接する2基は頂部を互いに反対側に倒すことによって，給排気サーキット防止への配慮がデザイン上のポイントともなった [*18]．

夜間に広場全体の明るさをカバーするための照明塔は2基，広場中央開口ランプウェイの両脇動水池からシンメトリカルに立ち上がっている（池からの高さ28.8m）．その光源としては，高出力（光束400,000lm）で演色性にも優れた当時の最新技術のキセノンランプが採用された．夜間の広場に威力を発揮したこの双塔は，縦に伸びる鉄骨角柱，柱頭にはキセノン灯具3台とメンテナンスデッキからなるシンプルなものであった [*19]．

西口広場は，地下2階建て（一部中地階と地下3階）の鉄筋コンクリート造，基礎形式は直接基礎のべた基礎で，二重スラブとなっている．全てが地下構築物で最上階が道路という特殊性のため，材料の許容応力度，単位重量，一部の積載荷重については，土木示方書に基づく数値を用いて構造計算が行われ，確認申請の認可を受けた．

階高は場所によって異なるが，概ね地下2階～地下1階が4,400，地下1階から地上階が6,700．広場の給気送風機を天井内（中地階）の機械室（各所分散配置）に納めたため，地下1階広場の天井高は3mに抑えられた．

設備計画上の最大の課題は，自動車道路を持つ地下1階広場の空気環境をいかに正常に保つかであった．検討の結果，採用されたのは，換気については，地下広場への給気のみとし，広場全体を正圧に保ち，中央開口部と多数の階段から自然に排気させる，いわゆる第2種換気であった．すなわち外気を階段付きの給気口から中地階機械室に導入ろ過してダクトで全体に送風するというものである（CO量検出装置により風量調整を行う）．中央開口部の周囲には，地上面の強風時に地下道路を走る自動車の排気ガスが地下広場に流れ込まないように，中央開口周りのデザインとともに検討されたスリット状の吹出し口（エアカーテン）が設けられた [*20]．

地下広場の防災設備としては，地下2階駐車場の泡消化設備，地下1階店舗部分のスプリンクラー設備などの消火設備や各階の排煙設備など機械設備に関しては万全を期している．排煙設備について，竣工直前に消防庁立ち会いの排煙実験を行った結果，中央大開口が換気のみならず，排煙にも優れた効果があることが実証された（広場設備の詳細については第2章森論文参照）．

工事は1964年12月，東京オリンピック終了を待って始まった．確認通知書によると，広場の確認受付日は1964年2月21日，確認通知は同年10月1日となっている．この後10月26日，オリンピック閉会式の2日後に広場の起工式が行われ，12月1日に工事は着手された．敷地全体が総掘りとなる現場においては，バス（70系統）やタクシーなどの地上交通を止めることなく，また，膨大な量の人の流れを混乱させることなく，安全を確保しながら工事を進める工程に苦心があった．広場の掘削は広場北側から開始された（1965年1月），この部分が完成後に中央開口部の工事に着手するなど，局所的な進め方が必要であり，このため，バス停の整理と移動につ

いて，工事途上，大きな交通切り替えが都合2回行われた．これらの工事をスムーズに行うためには，所轄警察，陸運局，バス会社，道路下埋設物関係先などへの複雑な申請，折衝が不可欠だが，これらは，共同監理の小田急電鉄によってなされた（図2-1～2-3）．

　監理のために，1965年になってから甲州街道寄りの小田急線路際（現在のサザンテラス内）に現場常駐事務所（坂倉準三建築研究所，東京建築研究所，櫻井建築設備研究所の担当者を合わせて総勢10名ほど）が設けられた．現場では，ほぼ全てゼロスタートからの詳細スケッチ類を描きためては，東孝光の車にスタッフ全員が乗り込み赤坂桧町の坂倉事務所に持参し，坂倉と打ち合わせして決定するというリズムが習慣化した．打ち合わせの間が少し空くと，谷内田二郎から督促の電話がかかってきた［＊21］．

　工事は全体を4工区に分けて分離発注された．工事内容の性格から，各社とも現場担当者は土木系中心の構成を取った．工事の監理は小田急電鉄臨時建設部と共同で行われたが，その陣容も土木部門が中心であった．広場は予定工期を4か月短縮して1966年11月25日に竣工式，即日地下2階駐車場は営業開始された．翌26日に広場供用開始，地下名店街の営業開始は12月1日である．

　坂倉準三建築研究所の実施設計・監理担当は，東孝光，田中一昭，吉村篤一，北川稔．協力事務所のうち構造は東京建築研究所，設備は櫻井建築設備研究所である（両事務所とも基本設計協力から実施設計・監理まで全て担当）．

　西口広場の周辺建物前の歩道を含めた範囲は，地上広場の南北幅が約240m，東西幅は南半分が約70m，北半分が約130mである．面積規模その他のデータを右に示す．

・建築概要

敷地　東京都新宿区角筈2丁目
構造　鉄筋コンクリート造地下2階建て（一部中
　　　地階，地下3階）
規模　地上広場　24,600m²
　　　中地階　　2,770m²（機械室）
　　　地下1階　広場 16,800m²［＊22］
　　　　　　　店舗 3,940m²［＊23］
　　　　　　　機械室他 1,730m²
　　　地下2階　20,000m²（駐車場）［＊24］
　　　地下3階　770m²（地下鉄ビル搬入口）
　　　合計面積　46,010m²（地上を除く）［＊25］

・工事費

新宿駅西口広場事業　約18億1千万円
新宿駅西口駐車場事業　約28億1千万円
その他の工事費　約2億円（搬入口通路工事，スバルビル連絡工事，店舗受託工事，地下埋設物処理，営団連絡通路取付工事）

・施工

建築　鹿島建設　（開口南側）
　　　野村工事　（中央開口部分）
　　　西松建設　（開口北西側）
　　　間組　　　（開口北東側）
設備　三菱電機

・事業主体

広場　新宿副都心建設公社
自動車駐車場　小田急電鉄［＊26］

竣工図 （平面図 原縮尺1/500）

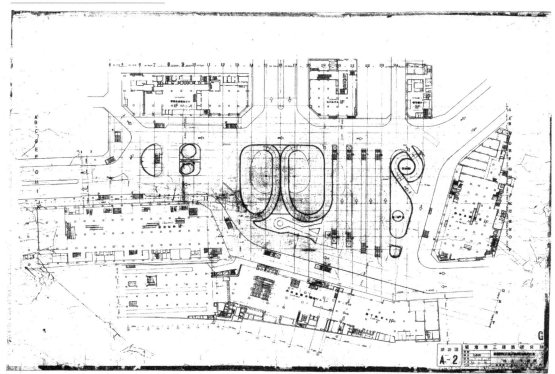

図3-1 地上階平面図

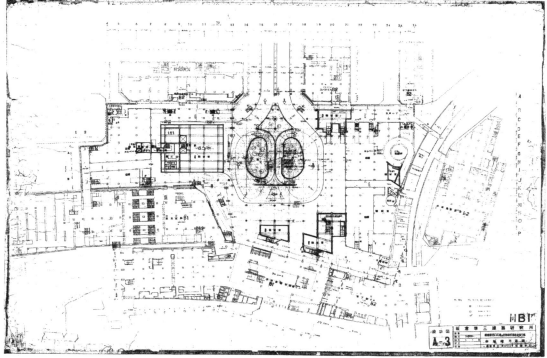

図3-2 中地階平面図

（図の説明は次頁）

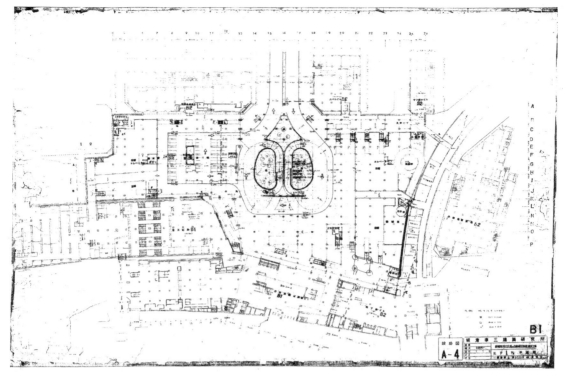

図3-3　地下1階平面図

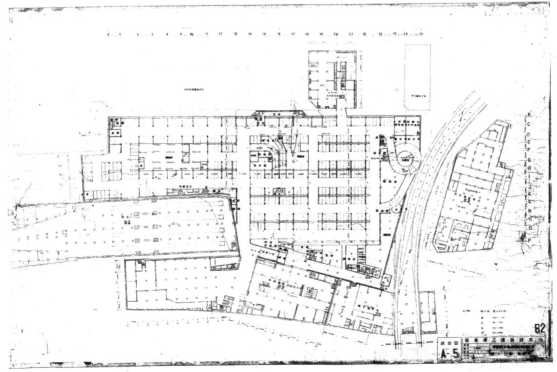

図3-4　地下2階平面図

竣工図（断面図 原縮尺1/200）

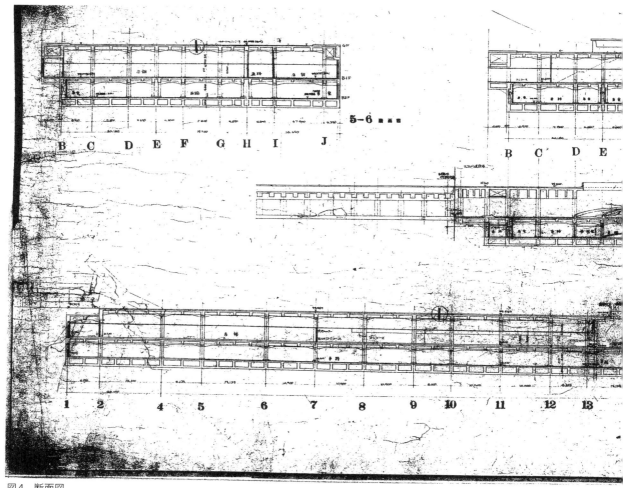

図4　断面図

図3-1　地上階平面図．広場内の道路は時計廻りの一方通行．中央開口上方（新宿副都心）へ向かう街路4号線．右側地上は4列のバス停アイランド．左側の空白部分は，用途がはっきりしないまま完成（公社事業史によると駐車場40台とある）

図3-2　中地階平面図．広場への送風機械室が分散配置される．共同溝が上下ビルに沿って走る（地下1階の天井内，点線表示）

図3-3　地下1階平面図．中央開口ランプウェイを囲む3つの動水池と一方通行ロータリー．上方へ街路4号線（歩車道）．地下広場（コンコース）は手前，国鉄（JR），小田急線，京王線改札と接続．右手メトロプロムナード，周辺各ビルと接続．南北に地下名店街．ロータリー左隣は都営駐車場であった

図3-4　地下2階平面図．公共駐車場．出入庫は中央ランプウェイ直下と北換気塔を回る斜路の2か所から．右上のスバルビル駐車場と接続，一体使用される．手前小田急ビル（百貨店）へは駐車場から直接人の出入りができる

図4　断面図．中段は中央開口部東西断面図．左手は街路4号線（地上と地下の2層）が延びる．右手は小田急ビルへ接続．下段は中央開口部南北断面図．開口部の中央は地上と地下1階，地下2階を結ぶ車路（ランプウェイ）．右手地上は4列のバス停アイランド．下は地下広場と地下名店街．上段右は中央開口部北側バス停部分東西断面図

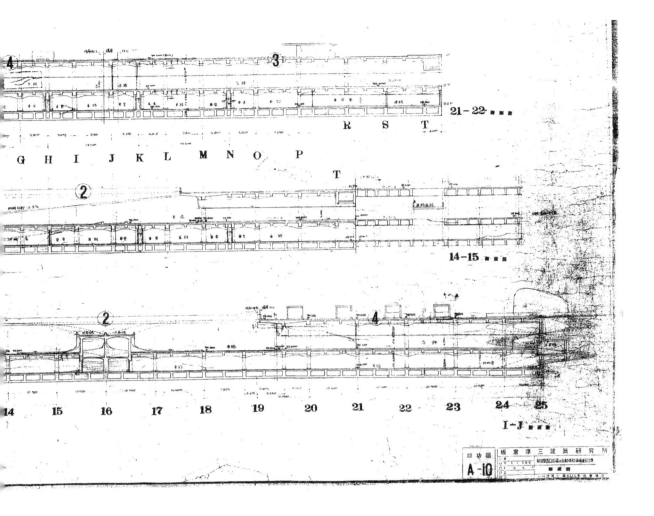

図5-1 隣接ビル取合い処理詳細図．一例として安田生命ビルの接続部分の詳細を示す．エキスパンションジョイントと共同溝（地下1階天井内）詳細が示される

図5-2 街路4号線取合い天井伏図．A-A'〜C-C'の構造エキスパンションジョイント．左角は安田生命ビル，右角はスバルビル．車路部分天井は躯体露わし（コンクリート打ち放し）

図5-3 中央開口庇部分詳細図．最大出幅5mの打ち放しスラブキャンティが開口部を囲む．地下広場天井の端部にエアカーテン吹き出し口が仕込まれている

図5-4 中央開口ランプウェイ詳細図-1．平面詳細図．開口部の中心に位置する地上と地下1階を結ぶ車のための往復斜路である．直下に地下2階駐車場へのランプウェイ（点線）．両脇に卵型の動水池．右脇のもう一つの池は街路4号線の中央分離帯（柱列）につながる

図5-5 中央開口ランプウェイ詳細図-2．ランプウェイを支えるアーチ状の柱脚部の形．コンクリート打ち放し．車路の幅員5.5m，勾配13.3%

図5-6 動水池詳細図．3つの池の大小19個の富士山型突起頂部（高さ1,050〜1,550）から水が溢れる．青い色調のモザイクタイルで貼られた池の深さは最大330，使用水は全て井水

竣工図（詳細図の一部）

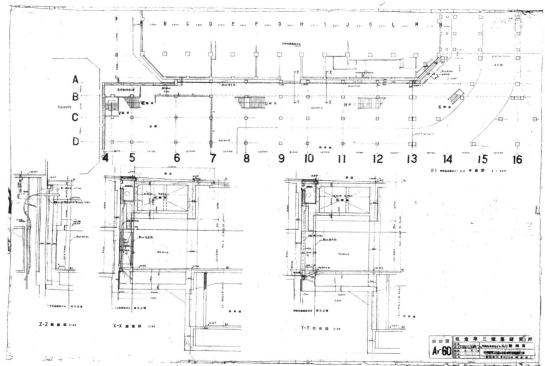

図5-1　隣接ビル取り合い処理詳細図（原縮尺1/50）

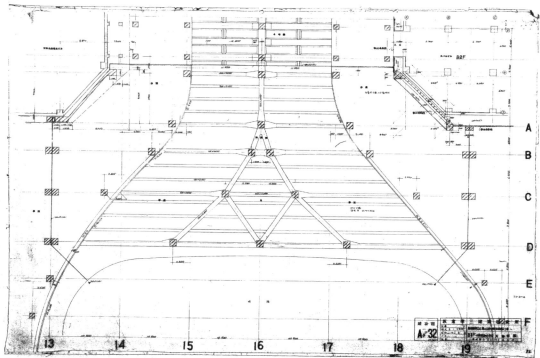

図5-2　街路4号線取り合い天井伏図（原縮尺1/100）

（図の説明は39頁）

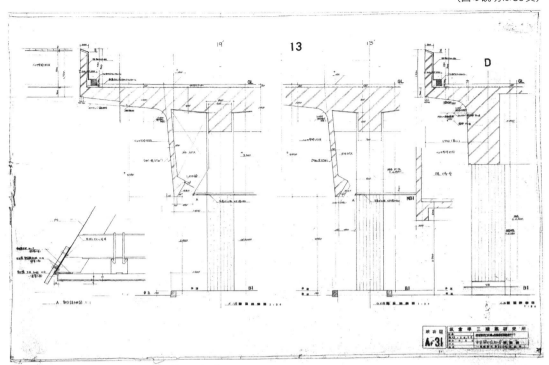

図5-3　中央開口庇部分詳細図（原縮尺1/20）

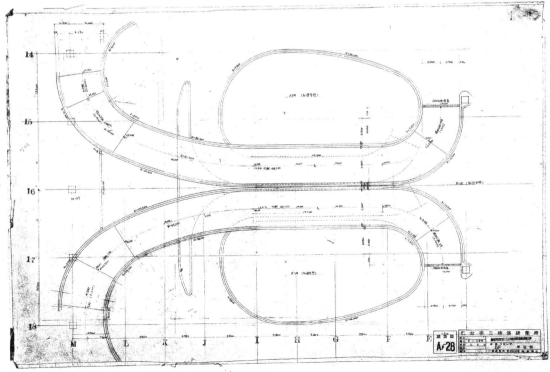

図5-4　中央開口ランプウェイ詳細図-1（原縮尺1/100）

第1章　建設経緯　41

（図の説明は39頁）

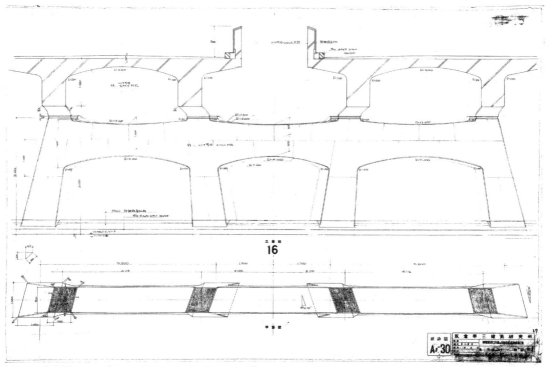

図5-5　中央開口ランプウェイ詳細図-2（原縮尺1/20）

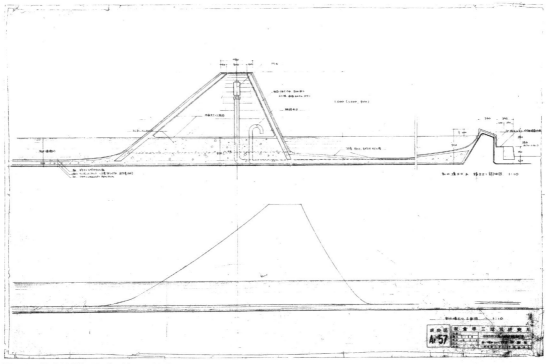

図5-6　動水池詳細図（原縮尺1/10）

4　竣工後の西口広場

　1966年11月，西口広場完成直後の姿を，残されている竣工図と写真などの資料を通して振り返ってみることにする．

　竣工図のうち，建築図（意匠図）については106枚の図面が存在している[*27]．オリジナルな図面は失われており，A3版に縮小製本されたもの，ないしマイクロフィルム化したのち，データ化したものである．その平面図（1/500）と断面図（1/200）から竣工時の西口広場の空間イメージを改めて確認してみたい（第3節図3-1～3-4, 4）．

　平面図は配置図的な表現となっている．その結果周辺建物によって切り取られた広場独特の形状と，中央開口部からランプウェイ，そして動水池に至る緩い曲線がこの広場の空間の特徴を決定づけていることが分かる．この中央開口部によって自然光が広場に取り込まれると同時に，上方への開放感を生み出し，打ち放し柱の単純配列の迷路的地下空間に方向感覚を取り戻させている．広場の軸線は，副都心への街路4号線の軸線と一致している．地下1階平面図からは，広場が周辺のビルへと増殖の手を伸ばし，メトロプロムナード経由で東口繁華街方面，街路4号線経由で新宿副都心方面へと，周辺地下空間へのネットワークを広げようとしていることが感じとれる．

　断面図からは，広場は水平方向に長大な2層の地下空間であり，建物全体はべた基礎によって関東ローム層に直接載っている構造であることが分かる．東西，南北どちらの断面図からも，広場におけるこの中央開口の持つ重要性が伝わってくる．

　西口広場は竣工当時，建築専門誌や一般雑誌などに多くの写真が掲載された．それらの中のいくつかの写真を通して西口広場の空間イメージを振り返って見ることにする（巻頭写真参照）．これらのどの写真からも，西口広場の最大の特徴は，中央開口の存在感であり，また，地上から地下へと連なるカーブの連続であって，重ねて言葉で説明することは無用であろう．ここでは，それら広場の空間イメージを裏方から支えるものとして，主要な3つの仕上げ材を挙げておくことにする．その一つは広場のほぼ全ての壁（階段，ランプウェイ，換気塔，隣接ビルとの隔壁）に共通に貼られた窯変タイル，二つ目は円形パターン貼りの地下1階コンコース床の磁器タイルである．これら2種類のタイルは広場にくまなく貼りめぐらされ，広場の広がり，連続感，一体感を高めるための，いわば，ベースの役割を果たしているのである．そして，もう一つ忘れてならないのは，人と車のざわめく地下広場の空間に，ある種，穏やかな潤いを与えるものとして置かれた，中央開口ランプウェイ沿いの3つの池の青い色調のモザイクタイルとこの池の富士山型頂部あちこちから溢れる出る水のきらめきと波紋である．

　西口広場完成の際に小田急電鉄から「新宿駅西口駐車場竣功記念」のパンフレットが作成配布された．その中に坂倉準三の設計者挨拶文が掲載されているので，その主要部分を再録する．「（前略）この広場は，東京都の最も重要なターミナルの一つである新宿に集中する人と車の混乱を解決するために，人と車の流れを地下と地上の二つに分離した上に，地下に入る車のために直径60米の開口部をつくり，また導入部の左右に噴水池を設けて

図1　西口広場竣工式当日の『毎日新聞』（1966年11月25日付夕刊）

地下の広場やショッピングセンターに光と水にめぐまれた快適な雰囲気を与えるなど，新宿副都心の将来の発展をも考え，それにふさわしい清新な広場を目指したものでありましたが，関係各位と協議を重ねてまいりました努力の日夜を顧みまして今ここにその完成の姿を見ることはこの上もない感激であります．（後略）」（原文のまま）とある．この広場の本質について簡潔に述べる中で，坂倉の噴水池へのこだわりがさりげなく表現されている．また，この短い文章のうちに，坂倉が広場に対して持ち続けた熱い思いが披瀝されているように思う．

1966年11月に供用開始された西口広場について，完成直後のマスメディアは，「世界初の駅前立体広場」（朝日新聞，読売新聞），「"二層式"広場オープン　100万人の足をさばく」（毎日新聞）（図1），「太陽と噴水のある地下広場が東京・新宿の西口に誕生」（週刊読売），「都市は改造される・新宿」（毎日グラフ）などと，戦後焼け跡のイメージの残る新宿西口の激変ぶりと同時に，地下空間が地上化し，車が出入りする今までになかった新しい都市空間の誕生を派手に伝えていた．この時点では，淀橋浄水場跡地で売り出された新宿副都心街区の買い手はゼロであったが，「目論見通りことが運べば，丸の内をしのぐビジネス街になることも夢でない」（週刊読売）などと書かれていた．第1回街区入札当時，日本は不況の真っただ中にあり，実際に街区売却が成立したのは，1967年の第2回入札時の2区画からであった[*28]．

西口広場は昭和42（1967）年度の建築学会賞（業績）を受賞した．「駅前広場の立体的造成，民間と役所の協力による成果などが，今後の都市計画事業の在り方に貴重な先例を示した業績」が受賞理由．4者（東京都首都整備局，新宿副都心建設公社，小田急電鉄臨時建設部，坂倉準三建築研究所）の共同受賞であった．また，同年の都市計画学会石川賞（計画設計部門）も受賞した（山田正男，坂倉準三の共同受賞）．

1967年11月には坂倉準三建築研究所（担当阪田誠造他）による小田急ビルが竣工した．これにより，地階の駅コンコース（国鉄と小田急）が西口広場と完全接続し，上階の小田急ビルと隣接地下鉄ビルが接続され，小田急百貨店として一体開業した．この結果，西口広場を囲むビル群はほぼ整い，大きく欠けていた広場の表情が固まったことになる[*29]．

その後の西口広場は駅前立体コンコース広場という重要かつ根本機能を忠実に果たしながら，既に今日まで半世紀近く経過したことになる．そしてこの広場のそもそもの空間の本質は，都の原案

図2　1969年の西口広場．週末のフォークゲリラによって異空間となった

（密閉式換気塔案）を転換し，中央に穴を開けたことにより決定づけられたのであった．言いかえれば，地下空間の地上化であり，これによって西口広場は密室空間から脱出することができた．

西口広場は完成してここまで，その時代を象徴するようないくつかの事件の舞台となった [*30]．その一つとして，1969年のフォークゲリラ集会を挙げておきたい．これは当時のベトナム戦争に対する反戦運動という，まさに時代性，新宿という場所性に加えて，広場の空間性が深く作用していたのではないか．それは柱が林立する広場を埋め，時に中央開口部を占拠した大群衆の報道写真が雄弁に物語っている（図2）．フォークゲリラ集会は，何度か警察の手が入ることになり，結果，案内看板の文字「広場」が一夜にして「通路」と書き変えられたことであえなく終焉する．これを契機に新聞紙上などで広場論争が勃発したが，一過性のもので深まることはなかった [*31]．

西口広場は1966年完成以来，今日まで多くの改修工事が行われ続けてきた．それらは部分的なものであっても，積み重ねられた結果は広場全体にわたるものとなり，変わらぬ部分を探すことがむしろ困難となっている．それらの中で，広場にとって，特に重要であったと思われる改修工事について振り返ってみたい．

まず，地階中央部のロータリーに接続していた都営駐車場撤退について [*32]．広場から街路4号線へ向かう歩行者にとって障害となっていたこの駐車場については，広場竣工当初から疑問符が出されていた．地元の団体「西新宿をよくする会」などが長年にわたってこの駐車場撤去を要望し続けた結果，1984年になって駐車場は廃止された．その跡地は翌年舗装され，歩行者空間（コンコース）となり，同時に，その一部には「総合案内所」（新宿区・NTT）が置かれた（設計：坂倉建築研究所）．この辺りは後に路上生活者のダンボール村火災事件（1998年）の現場となったが，火災後に大規模な改修工事が行われ，広い範囲が有料展示場（イベントコーナー）となった（2000年）．

地下広場の耐震補強工事は1988年に始められ，2000年末に完了している．これは柱の補強と耐震壁の新設である．耐力壁は中央開口部に沿って，北側4スパン，東側2スパン，南側2スパン，都合8スパン分に鉄骨ブレースが入れられた．北側の2スパン分はブレース的なデザインに，他は完全に壁的に仕上げられた．その結果，地下広場の地上開口に面するオープンスペースの相当部分が失われた．

地下広場のロータリーに囲まれたアイランド部

分も変遷を重ねた．当初は富士山型動水池としてスタートしたのであったが，1988年にステンレス製のモビール（デザイン：新宮晋）のある噴水地に変更された．そして，2012年にはその池も廃され，土が入れられ樹木が植えられて緑地帯となった．

全方位に繰り返される円形パターンが特徴であった地下広場の磁器タイル床についても，少しずつ御影石に張り替えられてきた結果，気がつくと全ての床はニュートラルな表情の石貼りの床となった．

1966年に完成して以来，様々な改修工事が行われてきた西口広場であったが，竣工当時と比較して最も大きく変わった点は何かと問われれば，広場が本来持っていた開放感の喪失と答えてよいのではないか．その主たる原因をつくったのは，広場にとって必要不可欠であった耐震補強工事ということになるが，この工事と共に多くの柱や壁が内部に照明内蔵の看板化されたことが与えた影響について，ここでは指摘しておくことにしたい．

このような改修改造を重ねながら，変貌を遂げてきた西口広場であるが，2003年には近代都市施設として改めてその価値が評価され，DOCOMOMO JAPAN 100選に選定された．

2016年4月には，甲州街道沿い南側の鉄道敷上に，JR新南口駅と新宿高速バスターミナル（バスタ新宿）が完成した．JR新宿駅構内では，1959年，地下鉄丸ノ内線開通と同時にできたメトロプロムナード以来の新しい東西自由通路の工事が現在継続しており[*33]，新宿駅全体が今後もさらに大きく変わろうとしている．このような状況下で西口広場がこれから先もさらに生き生きと使い続けられていくためには，今後の改修改造に際しては，この広場の空間の本質を決めることになった地下空間の地上化の意味について改めて思い起こすよう望みたい[*34]．

注

1　計画の始まり

*1　1960年6月，東京都都市計画地方審議会は，東京都が立案した淀橋浄水場の東村山への移転及びその跡地を含み，新宿駅西口広場を要として，青梅街道，甲州街道，十二社通りで囲まれる扇形の地域96haの土地利用計画，広場，街路，公園等の施設計画を総合した再開発事業計画を新宿副都心計画として決定．これに伴い，東京都は淀橋浄水場跡地を中心にして，これに付近民有地を加えた新宿西口広場を含む約56haの区域について都市計画事業決定（図1, 2）．これは1958年，首都圏整備委員会で決定された都心に集中した業務機能を新宿，池袋，渋谷に分散し，都心部の再開発を促すという副都心計画に基づく．

*2　小田急電鉄臨時建設部は小田急ビル，西口広場・地下駐車場計画のために設けられた部署．現場事務所として南口の小田急線路脇に新宿西口総合建設事務所を開設．所長・秋草裕（土木），副所長・千々波天身（設備）以下の施主側と設計担当の坂倉準三建築研究所（阪田誠造他），施工担当の竹中工務店の3者がここで作業を進めた．

*3　この土地，即ち，西口広場と国鉄路線敷きの間に建てられたのが小田急ビル．竣工は1967年11月．延面積77,000㎡．鉄骨鉄筋コンクリート造，地下3階，地上14階，特認で軒高は54m．地上広場の階は小田急改札とコンコース．地下広場の階は国鉄改札，小田急改札とコンコースがあり，地下鉄，京王線への連絡路に充てられた共同駅舎，上階は百貨店（地下鉄ビルと一体使用）．また，ビルは地下2階において広場下の駐車場と直結される．駐車場からスロープを下ると地下3階（地下鉄ビル部分）には百貨店の搬入口がある．なお，小田急ビルの呼称について，調査資料の中では「Aビル」，「A'ビル」，「新宿西口駅本屋ビル」という呼称がある．広場側から見て左（北）側の地下鉄駅を含む8階建て部分が地下鉄（営団）ビル．中央部の14階建て部分が「Aビル」．右（南）側の小田急駅を含む8階建て部分が「A'ビル」である．「Aビル」，「A'ビル」を合わせた呼称が「新宿西口駅本屋ビル」である．これらの呼称は関係者以外には分かりにくいので，本稿では，特に必要がある場合の他は「Aビル」，「A'ビル」は用いず，「新宿西口駅本屋ビル」を「小田急ビル」と呼ぶ．小田急ビルの設計監理は坂倉準三建築研究所．担当は吉村健治，阪田誠造，清田育男，加藤達雄，水谷碩之，中山富久，北川稔，大萱喜知郎．構造は東京建築研究所，施工は竹中工務店，三菱電機（設計施工）．

*4 　1961年6月に国鉄（十河信二），小田急電鉄（安藤楢六），京王電鉄（井上定雄），首都高速交通営団（鈴木清秀）の四者間で締結された「新宿西口駅本屋（小田急ビルの一部）建設に関する協定書」．内容は各社所有の土地の交換分合条件，地下1階レベルでの各鉄道相互の連絡などの申し合わせ事項など．小田急ビル，新宿駅西口広場の誕生の第一歩．

*5 　淀橋浄水場跡地及び新宿駅西口広場造成の実施と資金調達のため1960年6月に設立された財団．西口広場を含む都市計画事業の実施の特許を受け，後にその実施を小田急電鉄に委託．1968年6月解散．

2 　基本設計の経緯

*6 　東京の戦後復興の都市計画，建築行政の中心．当時の局長は山田正男（1913～1995），都市計画，土木技術者．東京帝大工学部土木卒（1937）後，内務省入省，石川栄耀のもとで働く．首都高，外環道の立案者．首都圏の整備を推進．また，山田局長の諮問機関として5人委員会がある．委員は高山英華（都市計画），松井達夫（同），松田軍平（建築家），坂倉準三（同）と山田局長．山田は10年年下の坂倉について，2001年，東京都新都心建設公社から出版された回顧対談の中で「彼は僕は好きでね．芸術的で，建築屋的でないからね」と語っている．また，山田はその前段で，東京帝大文学部卒の坂倉を上野の美校卒と記憶違いしている．坂倉のデザインにこだわる言動が強く印象に残っていたのだと思われる．都による新宿駅西口広場・地下駐車場の事業計画は旧都庁舎内にあった同都市計画第2部施設計画課の武田宏氏，谷口丕氏，同市街地計画課の公共施設担当の鈴木信太郎氏の3氏の指示により，坂倉所員（藤木・小川）の協力で，1964年2月まで進められた．上記3氏は海外事情にも詳しく勉強家で教えられることも多かったが，広場の密閉式換気塔案を固持していた．しかし，中央穴開き案決定後は，その推進役となる．

*7 　広場の中央穴開き案の誕生経緯については『小田急五十年史』（8012）p.400及び『財団法人新宿副都心建設公社事業史』（6805）p.64に記述がある．

*8 　中央穴開き案に決まり，地上の都バス乗り場は10バースを残し，周辺の街路に散在させることになったが，これは結果として西口広場計画の大きな宿題となった．この宿題は2016年4月，新宿駅南口にバスタ新宿が供用開始となり，半世紀を経て，その一部が解決された．

*9 　新宿駅西口地下駐車場の換気方法を検討するため1963年1月，新宿副都心建設公社は，委員長武富己一郎（新宿副都心建設公社理事），松崎彬麿（首都高道路公団），塚田博（同），伊吹山四郎（建設省土木研・道路），他首都整備局8名を委員とする臨時技術委員会を設置．地下広場の必要換気量を検討し，歩行者10万人，自動車2,500台（何れも毎時，ピーク時）として550㎥／秒とした．同年2月，伊達英夫（建設省土木研・トンネル），河村竜馬（東大航空・空気力学）委員を追加し，委員会内に河村を委員長とする換気分科会を設置．風洞実験による自然換気量の測定などが行われた．同分科会は6回開催，その日程と議題は1963年7月10日，換気塔案と穴開案の説明．同18日，交通量の検討．同25日，必要換気量の検討．8月13日，換気量の決定・換気方式の検討．同20日，換気塔案と穴開案の比較検討．同12月2日，穴開案をA案，換気塔案をB案と決定．

*10 　この風洞実験は東大航空研究所（現 先端科学技術研究センター）で行われた．東大駒場キャンパス内にあった風洞部は内田祥三設計の建物．ここで1963年秋頃，換気分科会の提案で中央穴開き案の模型による風洞実験で自然換気量の測定が行われた．結果は，穴の寸法を50m角とし，地上街路風速1m／秒とした場合，750㎥／秒の自然換気が期待できことが分かった．これは必要換気量550㎥／秒を上回る数値であった．

*11 　西口広場と地下駐車場の換気設備の検討経緯については，第2章森新一郎氏の稿に詳しい．

*12 　駐車場法：新築の大規模ビルに，周辺の交通量の増大を誘発するとの理由から，床面積に応じた駐車場の付置を義務づけるなど駐車場施設の整備を促すため1960年に施行された．

*13 　東孝光の実施設計担当の経緯については『INAX REPORT』（No.189，2012年1月号）の対談「東孝光×古谷誠章」に詳しい．因みに，藤木忠善は1964年に退所し，翌年に「すまい／サニーボックス」を発表．一方，藤木に代わって，大阪から東京に移った東孝光は1966年，西口広場竣工の年に「塔の家」を発表．

3 　実施設計と監理の経緯

*14 　小田急電鉄から新宿副都心建設公社宛てに出された西口広場の設計者選定通知書（「新宿副都心計画広場の築造に関する設計業者について」都公文書館所蔵）によると，設計期間は1964年4月1日より同年7月31日までとなっている．他に，図面名称が分かる設計図書リストが存在している．そのリストは箱別となっており，箱-1は建築図42枚と仮設，土工事図20枚，箱-2は構造図81枚，箱-3は設備図84枚，箱-4は構造計算書，建築工事特記仕様書，仕上表，建具表，電気設備特記仕様書，空調換気設備特記仕様書，給排水衛生設備特記仕様書となっている．10月1日付の確認通知書は，添付図面と共に残されていて，これはそのまま着工時（10月26

日起工式，12月1日工事着手）の実施設計図ともなった．工事ごとの図面枚数と図面名称はほぼこの箱別リストと同一のものである．注目したいのは，建築図に付属する20枚の仮設，土工事図の存在である．工事施工順序図，土留め標準断面図，路面覆工標準図などで，これらはこの工事が道路工事でもあることを示している．なお，建築図関係について言えば，特記仕様書，仕上表，建具表は欠落していた．

*15 断面の有効利用上，土かぶりを取らない設計のため，工事前の広場を横断，通過していた上下水道，ガス，電力，電話などの配管類は全てを整理して地上広場東，西歩道下に新設された共同溝（幅約3.6m×深さ2m）に収められた．ガスと電力を一緒に収める難しさなど実現するまでには各関係先との協議調整に多くの時間と努力を要した．

*16 坂倉はこの丸形タイルを割ることなく貼ることを求めたため，現場ではアイランド縁部で乱れ調整をする必要があった．

*17 動水池の色彩は坂倉から示されたパウル・クレーの画集の作品を参考に決められ，青を基調にして，赤，黄，緑を一定割合混在させた施釉丸形モザイクタイルである．

*18 換気塔には広場全体の壁に共通使用された暖色系の窯変タイルが貼られた．また，内側のコンクリート打ち放し面には塗装が施されたが，坂倉の指示で広場からよく見える一番大きな南西の給気塔を赤とし，残りの3塔はチャーコールグレーに塗られた．広場で共通使用された窯変タイルとは，ある一つの釉薬から発生する自然の色むらを期待するものであるが（京都で焼かれた大仏タイルは，当時坂倉事務所で盛んに使われた），広場見本焼きの結果，黒色系が想像以上多数発生することが判明，それを見た坂倉からはその何割かをカットするよう指示があった．工事終盤にも北側換気塔に実際試し貼りしたタイルを見て，さらにそのカット割合を増やすよう指示があった．

*19 2本の照明塔には，各々キセノンランプが3台（補助灯として水銀灯3台）が置かれる．都合6台のキセノンランプによって広場全体の基本照明をカバーした．広場の南端と北端には補助照明として水銀灯ポール3本セットとしたものを合計3か所設置した．ポール3本は正三角形に配し，坂倉の指示で頂部を中心に向かって少し傾けた．鉛直に立てると外側に倒れた不安定な感じになるのを避けるため．

*20 エアカーテンは現在使用されていない．街路4号線（地下）の歩車道隔壁設置等により，広場の空気環境が改善されたためとされる（注32参照）．

*21 現場事務所では，東孝光は全体統括と対外折衝，田中一昭と吉村篤一は現場対応，北川稔は店舗工事対応という役割分担であった．日中は，進行する工事の対応に追われており，日々発生する新しい課題（デザイン的，技術的）については，夜間作業が常態化していた．

*22 国鉄（JR），小田急，京王，地下鉄，バスやタクシー等の交通機関からの乗降客，将来の副都心ビジネス街への通勤や地下鉄プロムナードを経由した東口繁華街方面への往来，周辺の各ビルやデパートへの出入りなど，全ての歩行者の流れを地上の車道から完全分離して安全な地下1階レベルで処理しようというのが，この広場（コンコース）の基本機能である．広場の一部（ロータリーの南側）は都営駐車場（駐車台数47台）としていたが，その後廃止されて，阻害されていた副都心方面への歩行者コンコースの機能が回復することとなった．

*23 地下広場の南端と北端の一角は小田急地下名店街．南コーナーに34店舗，北コーナーに46店舗，合わせて80店舗の飲食，物販店からなる．

*24 駐車台数380台の有料公共駐車場．駐車台数53台のスバルビル駐車場と接続される（出入庫は広場の車路を経由）．

*25 1．ここに示された面積規模と，第2章1の「新宿副都心開発計画における駅前広場の立体的造成」の稿，末尾の施設概要に記載された面積規模（東京都算定）の地下1，2階の数値とは異なるが，その理由は不明である．ちなみに，合計床面積（中地階，地下1，2，3階）の差については20m²（0.04％）である．

2．『新宿副都心建設公社事業史』の広場施設概要（表）から，広場の車道舗装，歩道舗装，斜路舗装，動水池，植樹帯，交番，公衆便所，機械室などの面積を知ることができる．

*26 小田急電鉄は従前から出願努力を重ね，1963年になって西口広場の地下駐車場と店舗街の特許を得ていた．『新宿副都心建設公社事業史』によると，「この工事は小田急電鉄株式会社に委託して施行した．これは地下2階の駐車場は小田急が特許を受けて施行する工事であるが，構造上も地下広場と一体であり，事業量も小田急67％に対し公社33％の割合になるし，工事の順序としても地下2階から始めるわけだから，小田急に委託して行うことが適当と認めたのである」とあり，西口広場全体が小田急電鉄により実施されることになった．設計監理者側から見た場合，多くの場面で官と民の調整役を担う必要があることに変わりはなく，工事を進めながら，坂倉事務所の東孝光は始終この役割に追われることになった．

4　竣工後の西口広場

*27 竣工図は建築図（意匠図）が副都心関係70枚，小

田急関係48枚，計118枚であるが，一般図（12枚）が共通なため実質106枚となる．他に，構造図が88枚．設備図は存在を確認できていない．現場で描かれた多数のスケッチや詳細図類は見つかっていない．

*28 西口広場竣工5年後，1971年6月に街区6号地に京王プラザホテルがオープンした．これが新宿副都心超高層ビルの第1号．以後，新宿住友ビル，KDDビル，新宿三井ビル（何れも1974年）などと続き，1991年に東京都庁舎が有楽町から移転竣工し，名実ともに副(新)都心の名にふさわしいものになっていく．

*29 北隣の地下鉄ビル（設計 鉄道会館）は小田急百貨店として借り上げることが決まったことにより，小田急ビルと一体使用のための調整が行われた．広場に面するファサード（アルミパネルによるカーテンウォール）は統一されることになったが，これは坂倉の強い希望により実現したものであり，竣工パンフレットの中で坂倉自ら，「施主，設計者の異なる二つのビルの広場側外観が共同作業により統一出来たことは，大きな収穫であった」と述べている．

*30 「フォークゲリラ集会」（1969年），「ダンボール村」（1990年代）など．前者はベトナム戦争に反対を唱えたべ平連の運動に共鳴して集まった人々によるフォークソング集会．排除しようとする機動隊との間で時に激しい攻防があった．集会は毎土曜日の夕刻に発生，約半年間続いた．後者は1990年代バブル経済崩壊後の路上生活者による，西口地下広場のダンボールハウス村のこと．もともと街路4号線地下歩道沿いに自然発生していたダンボールハウスの集落が，動く歩道工事着手（1996年1月）のため強制退去となり，結果的に，広場の旧都営駐車場の跡地部分（上部機械室のため天井が低い）に再集結することとなった．これに対して，都の強制撤去，支援者による援助，再建などの攻防が繰り返された．1998年2月7日未明，ダンボール村に火災が発生，50以上のダンボールハウスが焼失し死者4人を出した．

*31 「広場」の表示が「通路」と書き換えられた直後の『朝日新聞（東京版）』（1969年7月24日付）に，「広場か通路か 新宿駅西口論争」という記事が載る．内容は，通路派，広場派，ヤジ馬派のそれぞれの主張を併記したものであった．通路派は，もともとここは道路法で定められた四谷－角筈線というれっきとした都道であると主張．広場派は，われわれが集まるところは道路であろうと何であろうと広場になると主張．ヤジ馬派は，どちらも言い分があるのだから，いっそのこと西口広場で警察，べ平連などが公開討論すべし等々．最後に，この広場論争は，広場らしい広場を持たない東京のかなしい落とし子といえないだろうかと結んでいる．

*32 淀橋浄水場跡地の街区の購入民間企業による新宿新都心開発協議会（SKK）が1968年に発足．SKKは以後新しい街づくりの理念を立ち上げ，建築協定を結び全体としてより良い街づくりを目指すだけでなく，必要に応じて各種要望書を都に提出するなどの活動を行うことになる．都の当初の構想では，新しい街づくりにおいて車による移動を重要視するものであったが，新宿西口に当てはめれば，街区へのアプローチは車でなく街路4号線（地下）の歩行者によるものが圧倒的であることが判明する（先行する超高層，霞が関ビル（1968年竣工）においても，設置義務駐車台数500台の稼働率は50％以下だったという）．そして，早くも1969年に街路4号線（地下）の歩道幅員拡幅，歩車道分離の要望がSKKから都に出されている．歩行者優先の流れの中で，まず1984年西口広場の都営駐車場が廃止され，翌年コンコースとしての機能が回復する．4号線（地下）については，歩道拡幅工事（車道は片側3車線から2車線に縮小），次いで，歩車道隔壁工事がなされて歩行空間の環境が改善されることになった（1990年）．この結果が広場開口部のエアカーテン中止につながったと言われる．なお，その後1996年になって，4号線歩道（地下）に「動く歩道」が設置された．

*33 JR新宿駅改札内の北通路（池袋側）を拡幅することにより，新たに東西自由通路（幅25m）を実現しようというもの．不自由であった東口，西口の従来の活発化が期待される．2020年完成予定．

*34 まず現状の中央開口部を囲む耐震壁のデザイン的見直し，看板化したことにより肥大化した壁，柱のあり方について再検討することを望みたい．広場空間を和やかにしていた中央開口部の動水池復活も考えられないか．一説によると路上生活者の利用を回避するために池を廃したとも言われているが，そうだとすれば本末転倒ではなかろうか．その他に，当初から懸案とされてきた広場での快適で分かりやすい待ち合わせ場所の創設など，きめ細かな再整備が必要だ．

参考資料

『坂倉準三日記』

『財団法人新宿副都心建設公社事業史』

『小田急五十年史』

『新宿駅西口駐車場竣功記念』小田急電鉄

『新宿副都心計画のあらまし』新宿副都心建設公社

『新宿西口駅本屋ビル竣工・小田急百貨店全館完成』小田急電鉄

東京都公文書館の調査による資料（田中一昭）

東京都公文書館の調査による資料（加藤明日香「坂倉準三の設計手法に関する史的研究」日大大学院理工学研究科修士論文，2005年3月）

坂倉準三建築研究所担当者からの聞き取り（小川準一，田中一昭，水谷碩之，吉村篤一，北川稔〔東孝光は体調悪く調査不能となった〕）

図面，書類，写真等の残存資料（坂倉建築研究所）

『坂倉先生の思い出』（所員16名の思い出文集），坂倉家私家版，1996年.

竣工時の建築雑誌等の発表記事（『建築』6703，『新建築』6703，6803）

東孝光・田中一昭執筆の建築雑誌等の記事（『建築』6703，『建築雑誌』6707，『別冊新建築　日本現代建築家シリーズ4　東孝光』8204）

堀内亨一「学会賞受賞業績解説」『建築雑誌』6810

阪田誠造「新宿西口駅本屋ビル」『建築』6803

『東京の都市計画に携わって——元東京都首都整備局長・山田正男氏に聞く』（財）東京都新都心建設公社まちづくり支援センター，2001年

第2章　新宿駅西口広場の記憶

「新宿駅西口広場の記憶」と題した第2章は竣工当時の論文の再録である．最初の堀内亨一氏（東京都首都整備局）の論文は西口広場が日本建築学会賞を受賞した際に，日本建築学会報「建築雑誌」1968年10月に掲載された受賞者を代表しての業績解説である．これは西口広場の誕生について最も簡にして要を得た資料である．次の東孝光氏（坂倉準三建築研究所）の論文は日本建築学会報『建築雑誌』1967年7月号に掲載された氏のターミナル施設論である（写真一部省略）．東氏は西口広場の実施設計監理担当者．最後の森新一郎氏（櫻井建築設備研究所）の論文は『建築設備』1967年2月号に掲載された西口広場の設備についての報告（表・写真・図は一部省略）である．森氏は西口広場の設備担当者．

42年度学会賞 受賞業績

新宿副都心開発計画における駅前広場の立体的造成

東京都首都整備局
新宿副都心建設公社
小田急電鉄株式会社臨時建設部
坂倉準三建築研究所

推せん理由

新宿駅西口から淀橋浄水場跡にかけての副都心開発計画のかなめをなすものは西口駅前広場である．国鉄・小田急・京王・地下鉄およびバスなど各種の交通機関が集中する立地条件から，これらに集散する公衆が円滑に処理され，さらに自動車の交通およびその駐車スペースが適切に確保されることは，副都心開発計画の成否を左右するものであり，かつまたこの部分の構想如何は，計画全体の性格をも決定するものであった．

電車利用客が主として地下一階のレベルに集散されるところから，本計画の場合，従来の手法によれば，これらすべては外気に面しない地下の閉鎖された空間を流動させることとなる．しかるに関係者は，地表に巨大な開口部を設け，地下一階に外気と陽光を与えるばかりでなく，造形的にもよく地上，地下を一体とした開放的な空間とすることによりその解決をはかった．

由来駅前広場周辺には，各種の利害が錯綜し，計画も実施も多大な困難がともない，たとえ斬新な構想を抱いたとしても，そのまま実現の段階にまでおし進めることはほとんど不可能に近いのがわが国の実情である．

本計画の関係者は，これらの困難にもかかわらずよくその構想を実現し，これを建築的空間としてまとめあげることに成功した．

この意味において，この駅前広場の立体的造成は，今後この種の都市計画事業のあり方に貴重な先例をひらいたものとしてその業績は高く評価される．よってここに日本建築学会賞を贈るものである．

新宿副都心建設公社事業の竣工式と時を同じくして，新宿駅西口広場の計画と事業に関して，当建築学会および都市計画学会から，それぞれ賞が与えられましたことは，特にこの広場が，建築・都市計画および土木の，そして民間と役所の協力とその結果の業績であり，今後の都市計画事業の指針ともなるべき事業であると確信するだけに私共関係者にとって誠によろこばしいことです．

新宿副都心開発計画

東京都市計画における副都心計画は，都心の再編成，流通施設の分散，新市街地の造成，交通施設の総合計画などとあわせて，すでに限界にきている首都東京の一点集中型都市構造を，多心型構造に再編成し，都市機能の分散・純化，土地の有効利用，公共施設の効率化をはかるための重要施策です．

新宿副都心計画は，都心に集中する業務機能を，新宿・池袋・渋谷といった消費慰楽的機能しかなかったターミナル地区に誘導し，都市機能を充足する一方，これらの分化作用を利用しながら，新橋・有楽町・常盤橋といった都心部の再開発をはかろうとする総合的計画の最初のプロジェクトであり，じゅうらいの線ないしは点的な都市計画から面的広がりを持ち，かつ立体的な都市計画への

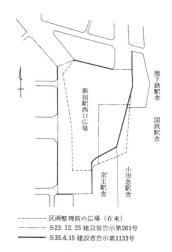
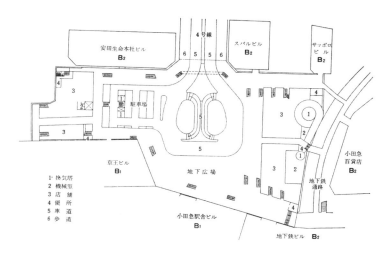

新宿駅西口広場計画変更経過図　　　新宿駅西口広場および自動車駐車場　地下1階平面図

第一歩といえる．

　まず都では戦後急速に発展した新宿地区をとりあげ，昭和30年頃より副都心としての調査をはじめた．昭和33年には首都圏整備委員会においても新宿・渋谷・池袋の3地区を副都心として再開発することが定められた．

　そこで，昭和35年新宿駅西口一帯の発展をいちじるしく阻害し，地元より数年にわたり移転の請願がだされていた淀橋浄水場（約34ha）を上水道拡張計画にあたり東村山に移転することとし，その跡地をふくみ新宿駅西口広場を要とし，甲州街道・青梅街道に囲まれた扇形の約96haの地域について，土地利用計画ならびに，広場・街路・公園などの施設計画を総合した再開発計画およびその事業実施計画を作成した．同年6月この案は東京都市計画地方審議会において新宿副都心計画としてその決定をみた．

　そして，特に整備を急ぐ浄水場跡地に造成される約18.5haの宅地と幹線街路とこの新宿駅西口広場をふくむ約56haの区域について事業決定を行なうとともに，この事業の実施にあたっては事業の一体化を計るため，かつ多額の資金の調達を容易にするため，財団法人新宿副都心建設公社を設立し，これに当広場をふくむ大部分の都市計画事業の実施を特許した．

　なお，国庫補助の対象となる甲州・青梅街道などの拡幅は都の建設局で，高速4号線の副都心ランプは首都高速道路公団でそれぞれ施行することとした．

新宿駅西口広場の計画

　この広場の整備計画を立案した頃，すでに昭和21年から始まっていた戦災復興土地区画整理事業によって，広場周辺の事業はほとんど固まっており，特に広場面積などは動かしがたいものになっていた．

　また，国鉄・小田急・京王の三者間に新宿駅改良に関して協定が交され，駅ビル計画もすでにすんでおり，したがってあらたに30万人の昼間人口を予想する新宿副都心街の玄関として，その機能を確保するためには，与えられた条件の中でこれをいかに解決するかが問題となった．

　そこで，この広場の人と車の伸びを想定し，この流れを機能的に処理するため広場の立体化を図るとともに，広場を少しでも広く使うため駅舎計

画との再調整が検討され，昭和36年前記三者に地下鉄を加えた四者の協議をすすめ，各社の土地の交換分合，地下1階でつなぐ鉄道相互の連絡方法，共同駅建設などの難問をちくじ解決し，立体化への基礎を固めた．一方，浄水場跡地に造成するビジネスセンターおよび都心へ直結する高速道路と接続させるため，新業務市街地に設けられる幅員40mの幹線街路（新宿副都心街路第4号線）を一部二層にして地下広場に導入するとともに，周辺のビルに呼びかけて建設工事の調整および接続に当っての協力を求め，立体広場としての効率を高めることに努めた．

太陽と泉のある立体広場

「太陽と泉のある立体広場」のキャッチフレーズで他の施設に先がけて竣功したこの広場は，機能の必要性を構成的に解決することにより生まれた．すなわち，地下広場への人と車の動線とその排気のための換気，非常災害の対策などの問題を解決するため，新宿副都心公社でその道の専門家を集めた技術委員会を組織し，研究する一方，都においては当時の山田首都整備局長を中心に坂倉準三氏らで構成する委員会に計り，地下広場のピーク時最高10万人の歩行者と2,500台の車を推定し，毎秒550m³の換気を見込んで計画検討を重ねた．最初の密閉式換気塔案から中央車路と換気塔を組合わせた穴開き案等の経過を経て現在の中央に長経60m，短経50mの楕円形の開口部を設けた案を決定するにいたった．

　この外，広場空間の有効利用をはかるため，土かぶりを全くとらず埋設物は全て広場周辺に設けた幅4m，深さ2mの洞道に収容したことも当広場の特徴である．

　また外灯は集約して28mの鉄柱2基の上に6基のキセノンランプを設け，200lxの明るさで地上，地下の広場を照らし，その他付帯設備として，自

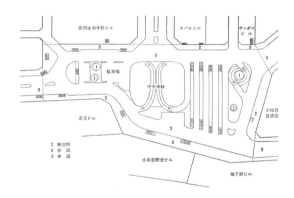

新宿駅西口広場および地上階平面図

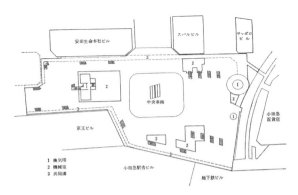

中地階平面図

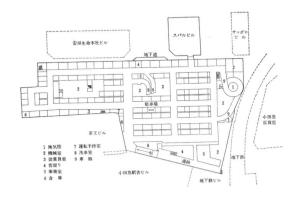

地下2階平面

家発電機，54台の換気ファンとその調整を計る18か所に設置されたCO検知機・火災報知機・放送設備など最新の設備をとりいれ，万全を期した．

駐車場およびバスターミナル

駐車場は，多額の建設費を要し，また経営が苦しい事業なので当初計画では，最低需要として190台の計画を決定していた．たまたま駐車場法の施行によって，地下鉄ビル・小田急駅ビル・スバルビルなどの建設に当たり付置義務駐車場の必要が生じ，これを各ビルに付置させると，この交錯する広場交通を分断する位置に各駐車場出入口を設けざるをえないという交通処理上の問題が生じた．これをあわせて解決するため，前記計画に各社の付置義務台数を加わえ，420台の公共駐車場として広場の下に設けることとし，建設大臣の特許を得て小田急電鉄がこの建設にあたった．この駐車場は，将来新宿駅南口駅舎ビル建設の折に造られる170台の駐車場とも直結する計画である．

なお，地下1階広場にも駅前簡易駐車場というような意味で約47台の都営の駐車場を別に設置した．

バスターミナルは，既得権として当時38バースあったが，地上広場を独占するのでバスストップのかたちで出来るだけの整理を求め，人と車の分離をはかった．しかし本来ならば別にターミナルとして整理するか，企業的参加を求め総合的に解決すべきであったろう．

おわりに

都市計画事業は，いまだ建築と土木の谷間ともいえ，今後調整を要し，開拓を要する分野が非常に多い．しかし，多くの人々の良い物を造ろうとする努力と熱意の結果によって，この広場事業は完成した．今後の各種都市計画事業においても，このような努力と協力を期待したい．

おわりにあたり，この事業に直接，間接，ご協力をいただいた方々に深く感謝するとともに，それらの方々とともに，日本建築学会賞受賞の喜びをかみしめたい．

参考：施設概要
規模　地上　約24,600m²　　地下1階　約20,700m²
　　　中地階　約2,770m²　　地下2階　　22,520m²
工期　昭和39年10月着工～昭和41年11月竣功
工費　新宿駅西口広場事業　　約18億1千万円
　　　新宿駅西口駐車場事業　約28億1千万円

（文責　堀内亨一）

都市施設としてのターミナル周辺　その複合化の生態について

東　孝光

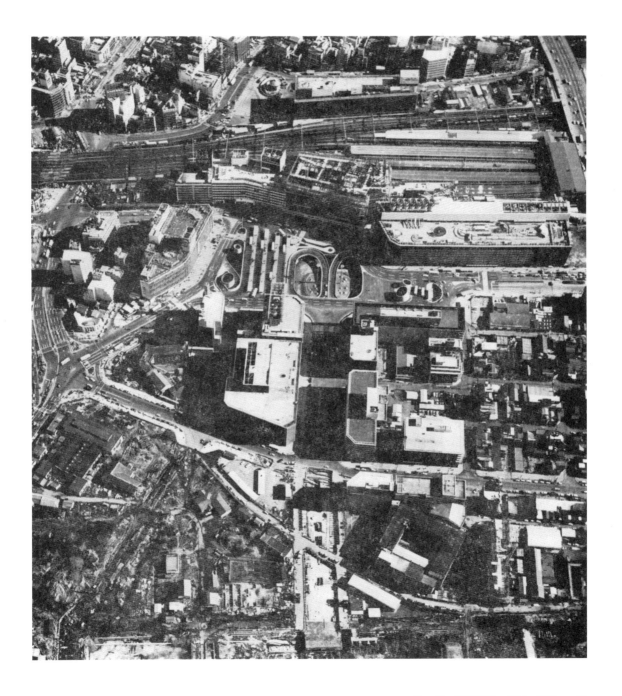

はじめに

　大都市のターミナルは，鉄道バス自動車と歩行者の動線が最も高い密度で交錯する接点であり，本来建築的にも一番複雑な機能処理を必要とする．また，そこに近年発達してきたターミナルデパートが，単なる売場だけでなく小ホールや展示会場，屋上遊園地までをそなえて，商業建築というよりは一種の都市公共施設としての性格を強くしてきている．それに加えて，駅前整備の一方策として新しく地下名店街や公共地下駐車場など，地下スペースの開発が登場し，それが道路や広場によってへだてられていた周辺のビルとの連絡を可能にして，背後の商店娯楽街とも結びつき，全体が都市のなかの一つのブロックとして，いわばその運命をともにする共同体としての連帯意識すらもつようになってきている．

　複合建築とは，本来複合されるべき種々の機能が複合されてでき上ってくる建築群であるだけでなく，とくにターミナルの場合，現代社会の矛盾を内蔵させながら，そのときどきの要請にもとづいた自然発生的な種々の施設がつながってゆき，その発展もその滅亡も，同じ立場から捉えるより仕様のない，いわば運命をともにする一連の都市施設として生成発展する，運命共同体とでもいうべきものの建築的な一断面という性格をもっている．

　そこで起こるさまざまな問題をとりあげて，これからの都市問題の一つの資料とするためには，まずその発展の背後にあるものからはじまって，その生長，混乱，現時点での問題点など，生態学的な追跡がまず必要なのではなかろうか．

　たまたま，坂倉準三建築研究所に在籍中，地下名店街・駐車場を含む新宿西口地下広場の設計監理に参画した立場から，単にその広場区域だけでなく，地上地下のターミナルコンコースからデパートまで，さらに地下道を通じて新宿全体の様相について，一建築家から見たその複合建築的生態を浮かびあがらせること，またそれにともなう建築・都市計画の法制上，組織上，技術上の問題点の二，三を取り上げることなどが，今後の資料ともなればというのがこの文章の目的である．

都市施設としての背景

　日本のデパートに大食堂ができたのはいつ頃であるか，私もくわしくないが，その時からすでに，公共の都市施設化への傾向をもちはじめてきたことは指摘できると思う．とくに鉄道資本との綜合的な経営の傘下にある日本のターミナルデパートでは，お客は売り場以外にも，公衆便所から始まって，展示会場，小ホール，結婚式場，小劇場から屋上遊園地までの各種の施設を，無料とはゆかなくても比較的安価に利用することができ，日本の貧しい都市公共施設を補ってきたことは否定できない事実である．

　私鉄沿線に続々とひろがってゆく郊外のベッドタウンの開発が，ほとんど公共施設への資本投下をもたないために，人々は一層何がしかのいこいを求めてターミナル周辺へとでかけることになり，それがまた商業ベースを高めて企業の資本投下をまねくことになり，必然的にターミナルが副都心として膨張を重ねることになる．そして，そのために生ずる混乱をまた再開発しなければならなくなるという悪循環を生じている．しかもその再開発がまた，民衆駅，地下街という形の商業資本投下に相当の部分を頼らざるを得ないというのが，今日までの日本の都市改造の一つの現実であった．ターミナルでのこのような複合建築的生長の背景に公共都市施設としての要請が強く存在していることを考えると，問題が公共投資か商業資本かにあるのではなく，その公共と企業のバランスにあることを意識的に捉えてその成長をコントロールすることがより現実的というものであろう．考えてみると，このように，都市のコアに匹敵する公

共施設のほとんどを含んでいる複合建築群を支えているものは，百貨店，その他で少々高い品物を税金を納める代わりに買って，そのかわりに施設を利用する市民達の側である．この外国にはあまり例をみない，都市施設としての複合建築にバランスのとれた公共性をいかに保たせるかが最大の課題である．

その歴史的変遷

　ターミナルとその周辺が，都市施設としてどのように成長してきたかについては，われわれの属する建築設計事務所の仕事の歴史のなかからもうかがえる．つまり，内側からみた都市改造の歴史の追跡である．

　たとえば，昭和25年から32年頃まで，大阪ナンバでは百貨店の売場拡張とそれに連続する大小劇場を含む会館ビルの建設があった．そこでは，鉄道・デパートの敷地のなかで，コンコースの改善とターミナル通過人口の吸収を狙った商業娯楽施設の拡大が，完全に民間ベースの上ではあるが，すでに複合化の形をとって現われている．昭和28年から31年の東京渋谷では，私鉄だけでなく国鉄地下鉄をも含めた綜合ターミナルのコンコース上に，百貨店の大増改築がまたがって建設され，さらに歩道橋によって，劇場，映画館，名店街を含めた会館ビルをつなげて一体とする計画が実現することになり，当然私有地と民間資本だけの問題にとどまらず，渋谷全体をどうするかという全体綜合計画までが行なわれ，（これは現在では地元商店街をも含めた民間側の綜合開発計画へと発展している．）だが，結局当時の段階では，官庁への働きかけによって，歩道橋などの実現にとどまった．

　一方，ターミナルそのものに集中する乗降客の激増，それにともなう商業施設の拡張などによって，車と人の混乱がいちじるしくなるにつれ，駅前広場の交通改善に手をつけざるを得なくなって

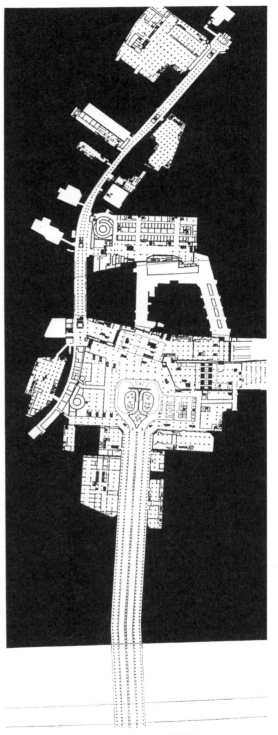

新宿駅周辺地下平面

地下街が出現しはじめる．駅前の混乱を改善するために，道路広場の下に横断の地下道を設けることは，これまでにも地下鉄のコンコースで一部試みられていたものだが，それを大規模に行ない，その建設費の裏づけとして地下道の周辺に名店街を建設させ，場所によっては公共駐車場をもあわせて作ろうと言うもので，昭和37年頃から大阪ナンバ，梅田，神戸三宮，名古屋，横浜駅前，東京でも池袋，八重洲口，新宿東口など，続々と全国的に登場してきた．ここではじめて，公共の用地である道路や広場のスペースを利用し，民間企業とのバランスのうえで公共都市施設の整備をはじめようという傾向がはじまったといえようか．

新宿駅西口広場の開発は，それまでの地下街，地下駐車場計画とはやや異なった性格のものである．東京都の副都心計画の一つに，淀橋浄水場跡の開発計画があり，西口広場はその一環として計画され，他とは比較にならない大きな公共スペースを，東京都の外郭団体である新宿副都心建設公社が事業主となって整備しようというもので，これに地下街，公共駐車場を民間企業体でもある電鉄会社資本の事業主に加えて全体を建設しようというものであった．

新宿西口広場のそのあたりの経過については，大阪市大の水谷穎介氏の報告にくわしくのべられているので以下にそれを引用させていただく．（新建築1967年3月号）

『新宿西口広場の面積が確保されることになった角筈2丁目あたりの戦災復興土地区画整理事業は，昭和21年4月25日に決定していた．早くも26年ごろに小田急は広場に地下駐車場と地下道をつくることを申請したそうだ．28年ごろには淀橋浄水場の移転問題がうるさくなってきた．新宿副都心計画が本当に決定したのは35年6月15日で，計画と事業決定が同時に行なわれ，6月23日には事業の執行が特許されている．（財団法人新宿副都心建設公社 – 34年設立）．この決定のされ方は，法定都市計画の立場からみて法律上は問題があるがひじょうに興味のあるものである．いままで街路，広場，公園，下水など，おのおの部門別にばらばらに決定されていたものを，副都心区域をきめて，その区域内のものは綜合的にやっていこうという方法

である．（中略）広場計画はほかの都市計画事業や国鉄事業のように，それ単独のものではなく，新宿副都心全体の計画の一環としてとらえられているわけである．この区域をきめるということが，現在の都市計画法では適当でないわけで，東京都は，将来の地区再開発の方向を考えて，あえて施行してみた法律運用だといえる．

まず広場ありき……である．これがほかと違う点だった．

ところが，広場の面積は，なにしろ21年の区画整理できまったものであるから，これほど乗降客の増加した現在ではもちろん少なすぎる．立体化すれば面積は増すし，歩道橋の動線処理がうまくいくことは前出の調査報告でものべているとおりだ．小田急，京王，国鉄の3社に，地下鉄が加わった4社協定では（36年6月8日），そういった広場を想像して，①鉄道相互の連絡方法－地下1階でつなぐ，②連絡方法のプランにもとずいた各駅の利用平面③国鉄と小田急の共同駅の建設利用について，などがかわされているという．国鉄はこの西口広場に面しては土地をもっていないので，小田急が建設するビルの通り抜け使用を認める必要がある．地下駐車場は，小田急ビル，地下鉄ビルの駐車場法による付置義務のものをとる必要からも，広場地下利用は必然であった．両ビルとも前面は広場，背後は国鉄路線敷という立地条件を解決するためそうするしかない．どうせつくるなら付置義務の台数以外に土地の余ゆうのある限り台数を増して公共駐車場的な性格にする．その駐車場設置は，小田急が特許事業（広場の一部および自動車駐車場全部）を申請し（37.6.10）38年2月に特許されている．もし，小田急が駐車場をつくらなかったら，小田急，地下鉄駅はビルが建てられないし（安田生命・小田急百貨店・京王デパート建設時はまだ駐車場指定区域でなかった），東京都が副都心計画の一環として独自に投資しなければならなかっただろうし，両者の利害がうまく一致したという見方もできる．駐車場経営事業にあわせたかたちで，商店街づくりも認められたわけである．商店街には，一部小田急ビルや地下鉄ビル敷地のかっての不法占拠群が入店する権利を得て使用している．（後略）』

このように，新宿西口広場は，地下街・駐車場建設の小田急と合併とはいえ，また副都心再開発の一部としてではあるが，東京都が都市改造に直接大規模な公共投資をはじめた恐らく最初のものであろうか．西口はそれにとどまらない．現在工事中の小田急ビルが今秋完成すると，小田急と国鉄の西口総合駅コンコースが京王・地下鉄との乗降動線を立体的に処理したかたちで出現し，その上部には，またまた12階建のターミナルデパートがそびえることになるのだ．

新宿全体としての複合化の実態

これまでに，大都市でのターミナルへの人々の集中の上に投じられた商業施設が，日本の都市事業の背景のもとに，しだいに公共都市施設的性格を強くしてきたことをのべた．またその複合化の進行につれて，種々の施設が一定の見通しのもとに計画をたて，立ちおくれていた公共投資もそれに加わって全体の調整をはからなければならなくなってきたことなどが，新宿西口の経過をたどることによっても明らかになると思う．

それでは，とくにターミナル周辺の都市施設としての複合化はどこまでと規定すればよいのだろうか．新宿の場合をみると，それを西口だけにとどめることは不可能である．試みに作った別掲の新宿全体の地下平面図をみるとそれが明らかとなる．地上ではターミナルの西と東をはっきりとわけている巾広い国鉄線路が消えて，従来あった地下鉄線路の上部に作られた東西約1kmの地下プロムナードが軸となって，東側商店街の主要なビルの地下スペースをクラスター状に抱き込みながら

西下し，東口民衆駅の地下街地下駐車場をもかゝえ，さらに西へ国鉄の下をくぐり抜け，西口地下広場と駅のコンコースで爆発的にひろがって，さらには開発中の浄水場跡のビジネスセンターへとつながってゆく．計画的に交通機関からの動線を地下1階にもってきたことが西口の大きな吸収力となっているのであるが，このように，単に地上の複合化にとどまらず，自己増殖的に拡がった地下スペースによって，各鉄道バス地下鉄のりばから名店街，駐車場，周辺のオフィスビル，ターミナルデパートから，さらには東口一帯にひろがる娯楽商店街を含めた新宿ターミナルの東西全体が，網の目のようにつながっていることが，この地図から読み取れるのではないだろうか．

　私は，はじめに運命共同体という表現でその複合建築としての範囲を規定しようとした．さらに詳しくその条件設定を試みてみるならば，都市のなかで，人々が集中的に集散する接点，一種の交通ダムとでもいえる場所であること，そこに利潤追求のための資本投下が集中し，できあがった施設がまた人を集めて，しだいに集積の魅力を作り上げてゆくこと，しかもそれぞれの固有の空間のあいだに，人間のための公共的性格のフリースペースが残されていてそれが最小限でも建築的秩序を保つことに役立っていること，そして人間の心理的，技術的限界ぎりぎりまで自己増殖を続けてゆく傾向をもっていること，結局その結果として運命共同体としての意識をもつにいたる一定の範囲とでもいうことができようか．そして新宿の全体はそのすべてにあてはまる．

　さてわれわれはこれまで，ターミナル周辺の複合化を内側から捉えてきた．一見それは，次から次へと際限もなくつながり拡がってゆくモメントを内蔵しているかにみえる．それでは，都市全体として外側からみた場合にはどうなるか．

　現実の都市改造の進行状況を現象面で捉えてみると，まず都心でのサイクル状，外側への放射状の国鉄，地下鉄，私鉄などの大量輸送機関，それに高速道路などが加わって，網状に都市のうえにおおいかぶさってきている．一方では学校・浄水場・拘置所跡など公共用地を使った新しい都心の拠点となるべき場所の開発がこれから行なわれようとしている．そして，従来からの交通の網の目の接点であるターミナル周辺が都心のなかのコアとして，自己増殖的に複合化し，拡大化している．全体として，ポテンシャルエネルギーの高い所を結んで高速度のコミュニケーションのネットワークが都市の上に形成されつゝあるといえよう．複合建築は，すべてこのネットワーク上の接点に存在するのではないか．この網目のあいだに残された部分をどう改善してゆくかが今後の大きな課題であることはこゝではくわしく触れないとしても，現在の都市改造のすべてが，このネットワークとその接点のバランスの問題にかゝっていることを考えると，その複合化の範囲は，おのずから限定の意志が必要である．密なるところは高度に密にし，疎なるところはできるだけ疎にして，その間をできるだけ高能率のコミュニケーション手段で結ぶこと，そのために，自己増殖的な力をコントロールして，複合を進めるべき場所とその限定化を計画することが大きな課題であると考えられる．

その複合化のための問題点

　最後に，複合化の全体からは極く一部化にしか過ぎない西口広場での体験から，その計画や実施，運営上の問題点について思いつくまゝにあげてみることにしよう．

　ターミナルでは，駅の改札口を出た瞬間から各種固有の空間に達するまでの間，歩行者にとってはフリースペースの連続である．それが駅のコンコースであり，広場であり，店舗の通路であっても，通過する人にとっては，ほとんど同じだけの拘束力と自由度をもった空間の連続である．発生

的には別々にでてきたものがつながって結果的には一連のものとして調整しなければならず，これからの開発には共通のものとして考えてゆかねばならぬものが，権利義務上公共と民間の両方にまたがっている現状，そこから色々な問題点が発生する．

1. 法律適用上の問題

現行法規の上では，私有地は建築基準法，道路広場は道路法の適用範囲にはいる．しかもそれぞれが，このような立体的な広範囲の適用を予想して作られたものではないだけに種々の矛盾を生むことになる．同じ公共用地のなかでも，都市計画事業の遂行体が違うと，それぞれの区域決定の線は1センチたりとも動かすことを許されない．新宿のように，一つの広場区域が，公共と民間企業の抱き合わせ事業である場合など，複合建築としての高密度の立体的利用には大きな障害となってくる．後でのべる事業の一元化と同時に，道路と私有地に分けられた関係法律間の整備統廃合，それぞれの弾力的運用が考えられる必要がある．近々国会に提出されると聞く都市再開発法案とそれにともなう都市計画法の改正などにも期待するところは大きいが…

2. 事業遂行体の一元化

複合建築では，公共と企業のスペースを区分なく連続してバランスのとれた全体として計画してゆかねばならないことはすでにのべたが，現状では，それぞれが別々の法律のもとに，別の立場から進められるための矛盾が大きい．たとえ企業内の敷地といえどもフリースペースには公共性が要求されるし，公共スペースも，その開発の支えとして企業的なもの導入を止むなくされているにもかかわらず，一方は企業性，他方は法律をバックにした公共性という形で，両方の負担や権利の問題が，力と力の衝突，押しつけと抵抗という不幸な関係に終って，それが複合化をゆがんだものにし，ひいては自然発生的な不充分なものにしている．整備された法律とそれにもとづいた弾力的な行政指導の次には，事業遂行体の一元化が望ましい．（池袋拘置所跡計画で作られたの都市再開発会社などは，その試金石として注目される．）

3. 技術上の境界領域の調整と開拓

法律がそうであるように，技術体系の上でも，道路や地下工作物は土木，地上の建物は建築といった従来の領域の両方にまたがっており，しかもそのいずれにも属さない境界領域の問題も色々でてくる．建設技術のうえでは，たとえば都市土木と名付けられる様な独自の技術が徐々蓄積されている．設計の分野でも，同じ地震力にたいして異なった計算規準をもつようなことは早急に調整される必要がある．設計図書の表現の差異，計画から設計，施工へと行なわれるバトンタッチの時点のそれぞれの分野での微妙な喰い違い（たとえば建築では施工図の段階でチェックすれば充分なものが，設計の際に要求されること）など，それぞれの領域，それに新しく加わった都市工学の間で，内部の問題として早急に調整・標準化されるべき課題である．

4. 施工の管理・運営の問題

複合建築の死命を制するものが設備計画であるにもかかわらず，それが公共と民間に分断されるために計画そのものが困難なばかりでなく，結局はそれが全体の維持管理をバラバラな不経済不合理なものにしている．本来複合化されるべくして複合化されたものが，別々に設計され，運用されたのではその効果は半減どころではない．事業の一元化と同時に，運用の一元化の組織は考えられないものだろうか．

5. 評価の客観性のために

私は，これまでに都市施設としてのターミナル

周辺を，公共と民間という1対1の対立概念で捉えてゆくことに問題がありはしないかと思う．考えてみれば，公共性は必ず個人の利益と対立するものである．そして，公共と個人，行政側と私企業側という対立概念からだけでは，さきほどのような力と力の衝突，押しつけと抵抗，そして，その力関係からの妥協点しか見出し得ない．それは公共と企業のバランスをはかるといった状態からほど遠いものであり，往々にして，両者の外側にある周囲の関係者や，都市施設の本当の利用者である一般市民の利益など忘れ去られているといったことになりやすい．現代の都市改造の諸問題のうちで最も重要なのは，この行政と個人の力と力の押し合いによる決定にある．それを救うためには，お互いの立場をはなれ，市民の利益をも反映させる第三者の導入によって評価の客観化が行なわれなければならない．たとえば新宿西口の場合にも，少し性質が違うが，地下広場の換気を，地上にそびえる換気ビルにたよらず中央に大開口をあけ，太陽の光といっしょに地下に空気をとり入れようという建築家側からの提案など，行政側の決断には相当勇気が必要であった．そこで，技術的な専門委員会と最終的な判断を下す各方面の学者を含む5人委員会なるものが組織され，そこでの最終結論から決定をみるにいたったいきさつがある．法律の弾力的な運用，事業と維持運営の一元化など，やはりこのような委員会的な第三者の存在とその客観的な判定に支えられてはじめて可能となると思われるのである．

　私は，複合建築のなかでも，とくにターミナル周辺に起りゝつつある複合化の現象が，公共都市施設としての性格を強くもっていること，それを今後ものばしてゆくべきであることを前提として，問題点を追求してきた．その一つ一つが解決されて行くとして最後に考えておかねばならない点がある．ターミナルのこれまでの変化を見ても，それが必ずしも全体として計画されたものではなく，自己増殖的な発展の傾向を強く持っていることは否定出来ない．都市改造の一つとして捉えても，一時にでき上がるものでないだけに，時間的な変化を計算にいれたコントロールがとくに必要とされる．それぞれの部分に起る要求が，何らかの形で有効につながりながら一つの魅力ある全体を形づくって行う方法を見出すこと．日本の過去の都市構成のいくつかをみると，このような自己増殖のコントロールが見事になされていることが読みとれるではないか．

　残念ながら，それにはどうすればよいかという名案は私にはない．多分それは，性急な結論によるよりも，これまでにのべたような問題の一つ一つの解決が，やがて社会全体の中に安定した形で蓄積され，定着して，結果的にはわれわれの時代の伝統とでも呼ばれるような一つの理念にまで形づくられるものとなる時に，はじめて明らかになるのではあるまいか．

新宿駅西口広場と自動車駐車場の設備

都市計画に画期的な一頁を開いた換気計画

森 新一郎

1 はじめに

新宿は大きく変ぼうした．特に西口広場は，つい3～4年前まで殺風景な広場を前にして雑然と飲み屋などが立並び，人と車の雑踏に明け暮れていた．今や24,000m²の西口広場は世界でも珍しい明るく整然とした立体広場に生まれ変わった．

約3,000m²に及ぶ中央開口部には，2本の出入車路が滑らかなカーブを描いて地下につながり，4本のアイランドはバスターミナルとして110系統のバスが整然と発着し，芝生と灌木の植込みの緑が地上の換気塔の淡い褐色をベースとした大仏タイルの微妙な色合いと共に彩りを添えている．夜ともなれば，高さ27mの2本のポール上に取付けた6基のキセノンランプより240,000ルーメンの太陽光線のような光を広場全体にさん然とふりそそぐ．

地下1階は地上より車路と連絡している12m巾の車道が円形にめぐり，将来街路4号線を通じて浄水場跡の556,000m²の副都心地区につながる．この中央車道と駐車場を囲んで最大巾40mの歩道があり，国鉄，地下鉄，小田急，京王の各線とバスからの乗降客1日約100万人を地上と共に立体的にさばいてゆく．この地下広場は営団プロムナード，東口ステーションビル及び現在建設中の西口駅本屋ビル，街路4号線と共に新宿駅周辺の広大な地下連絡歩道を形成している．

地下広場は，110W螢光灯による200ルックスの照度と共に昼間は広い開口部からさし込む太陽先によって全く地下のような感じを与えない．車道中央には，噴水があり南北に3,900m²の面積をもつ名店街をバックにうるおいをかもし出している．

地下2階は20,000m²の広さを誇る大駐車場があり430台を収容する．出入口は地下1階中央車路に接して1か所，北側の換気塔沿いのダブルスパイラルの地下2階へ直通する車路が1か所計2か所ある．

場内は100ルックスの明るさと充分な換気能力をもち，精密なCO検出装置により空気状態を集中監視し，合理的な換気運転を行なう．また入口の整理券発行，場内の各ブロック毎の台数計測などを自動化し誘導整理を助けている．場内の要所には空調完備の客用施設を設け待合せの便を計っている．

このような環境と都市計画の整備は，今や東京のみならず全国主要都市で押し進められるべきであり，その先駆として完成した西口広場は，東知事の言葉を借りれば正に「新都心」の誕生であろう．

2 設備概要

2-1 空気調和設備

空気調和を施す場所は，B2Fにあっては，駐車場管理事務室，食堂，料金所，客溜等で食堂系統を除いては，すべて全外気処理調和器による一次空気と，室内に設けたファンコイルユニット（三菱電機製リビングマスター）によって調和されている．B1Fにあっては，南北両コーナーにある名店街を，北コーナーはB1F機械室に設けたセントラル調和器により，また南コーナーはB2F機械室に設けたセントラル調和器により空調している．

名店街は，ケース売場（店頭販売を主とした業種）と飲食店に分けられているため，営業時間，営業

種目の相異により各々単独とした．

冷熱源は井水使用のヒートポンプタイプ密閉型ターボ冷凍機で，蓄熱水槽方式（550M³）を採用している．冷却水は井水を使用しているが，夏季はクーリングタワー（200RT×2台）による再循環方式とし，Carry-over, Evaporation等の補給水は，下部水槽より取出した液面制御器によりポンプ直送としている．

冬季は冷水に切換えられ，一部は井水槽（雑用水）へ戻し，他は排水している．クーリングタワーは南側排気塔に連絡する中地階冷却塔室に設置し，店舗空調レターンの一部排気と電気室空調の排気を導入して熱交換の一助とした．

屋外屋内温湿度条件

季節	条件	温度	湿度
夏	外気	34℃ DB	70% RH
	室内	26℃ 〃	55% 〃
	地中	17.4℃ 〃	
	B1F コンコース	34℃ 〃	
冬	外気	−2℃ DB	50% RH
	室内	20℃ 〃	50% 〃

空調機器仕様

冷凍機　三菱CT型密閉式単段ターボ冷凍機（ヒートポンプ）

　冷凍能力　539,000Kcal/Hr
　暖房能力　710,000Kcal/Hr
　冷却水出入口温度　36.4℃，32℃（夏季）
　冷水出入口温度　6℃，11℃（夏季）
　温水出入口温度　41℃，36.3℃（冬季）
　冷水出入口温度　10℃，16℃（冬季）
　電動機　420V　2P　100KW×2台
　冷媒　R-11
　台数　3台

冷凍機用冷水ポンプ
　160SHM×2050l/m×28m×19KW　1台
　160SHM×1800l/m×30m×19KW　2台

冷凍機用冷却水ポンプ
　130SHM×1730l/m×28m×15KW　1台
　180×130LHM×2500l/m×36m×30KW　2台

調和器

● 北コーナー，ケース売場系統（AC-1）
　送風機　FE8045SS×750m³/s×102mm×22KW　1台
　冷温水コイル　W4527×2300　2列×30段
　　　　　　　W4567×2300　6列×30段
　冷温水ポンプ　160MSⅡM×2000l/m×40m×30KW　1台
　加湿ポンプ　100SGM×1000l/m×25m×7.5KW　1台
　フィルター　ロール・オ・マットエアーフィルター
　プレフィルター　アルミフィルター　500×500×50　35枚

● 北コーナー，飲食店系統（AC-2）
　送風機　FE8045SS×930m³/m×102mm×30KW　1台
　冷温水コイル　W4827×2700　2列×32段
　　　　　　　W4867×2700　6列×32段
　冷温水ポンプ　160MSⅡM×2000l/m×40m×30KW　1台
　加湿ポンプ　100SGM×1000l/m×25m×7.5KW　1台
　フィルター　ロール・オ・マットエアーフィルター
　プレフィルター　アルミフィルター　500×500×50　48枚

● 南コーナー，ケース売場系統（AC-3A）
　送風機　FE8045SS×970m³/m×102mm×30KW　1台
　冷温水コイル　W4227×1700　2列×28段
　　　　　　　W4267×1700　6列×28段
　冷温水ポンプ　160MSⅡM×2300l/m×40m×30KW　1台
　加湿ポンプ　100SGM×1000l/m×25m×7.5KW　1台
　フィルター　ロール・オ・マットエアーフィルター
　プレフィルター　アルミフィルター　500×500×50　45枚

● 南コーナー飲食店系統（AC-3B）
　送風機　FE8040SS×600m³/m×102mm×22KW　1台
　冷温水コイル　W4227×2100　2列×28段
　　　　　　　W4267×2100　6列×28段

図1 地上階平面図

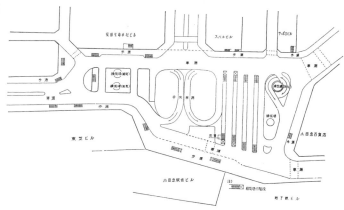

　冷温水ポンプ　130MSⅡM×1600*l*/m×40m×19KW
　　1台
　加湿ポンプ　100SGM×1000*l*/m×25m×7.5KW　1台
　フィルター　ロール・オ・マットエアーフィルター
　プレフィルター　アルミフィルター　500×500×50
　　30枚
● B2F 食堂系統（AC-4）
　エアーハンドリングユニット　#20×334m³/m×
　　90mm×11KW　1台
● B2F 管理室系統（AC-5）全外気処理調和器
　送風機　76m³/m×70mm×2.2KW
　冷温水コイル　W2767×1300　6列×18段
　冷温水ポンプ（AC-4, AC-5 リビングマスター用）
　　130MSⅡM×1120*l*/m×42m×15KW　1台
● クーリングタワー当強制カウンターフロータイプ
　　200RT　2600*l*/m　2台
　補給水ポンプ　50MSⅡM×250*l*/m×25m×2.2KW
　　1台
● 管理室リビングマスター
　LV-600（3300Kcal/Hr）　13台
　LV-300（1800Kcal/Hr）　1台
　LV-200（800Kcal/Hr）　3台

2-2　換気設備

　自動車道路をもつ地下1階コンコースの換気計画は，最大の問題点であった．

　副都心建設公社に属する地下1階コンコースの換気は給気のみとし，広場全体を正圧に保ち，中央開口部や階段より自然排気させる第2種換気とした．換気量は，1m²当り35m³/Hr以上に確保し地上の換気塔付階段より外気を中地階機械室（コンコース天井内）に導入し，自動洗浄式走行管付アルミフィルターによって濾過して送風する．

　全風量は98.5m³/sec，また中央自動車道路に面して，コンコースへの排気ガスの流入を防止する意図から，吹出角度60°の連続チャンバー式吹出口を建築意匠と共に検討し開口周囲に設けた．この風量は将来街路4号線が完成し，現状よりもっと多くの自動車が出入することを想定して決定したため非常に多く550m³/secで，これらの送風機もコンコース用送風機同様中地階機械室に設置した．

　車道用送風機は，大容量の風量で交通最繁時に適応することはできるが，このような全負荷運転は実際的でなく，時間的変動を伴う自動車台数によって発生CO量を，コンコースの随所（16個所3ブロック）で検出し，100ppm以下ではグループ毎の台数制御を行なっている．この制御は監視室で手動操作とした．

　地下2階自動車駐車場は南北系統に2分したダクトラインによる給排気の1種換気方式で，換気量は駐車場法に基づく10回/Hr以上とした．駐車場換

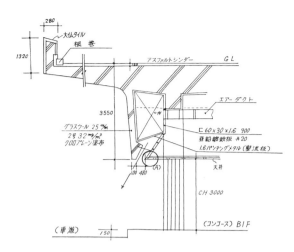

図6 B1F車道周囲連続吹出口断面図

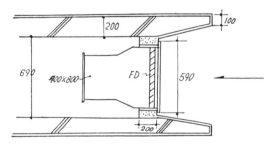

図7 B2F車路吸込口平面図

気は給気より排気を完全に行なう必要があり，正圧に保つより多少負圧ぎみの方が，隣接ビルや流出開口部での不快感がなくなる利点がある．このため排気風量は給気風量の10%弱増しに計画した．

ダクト計画は，駐車室，車道の制限高さを法規以上に保つ必要上，また地下1階には店舗があり，このための配管類，電気幹線，照明配灯，泡消火配管等の影響により給気ダクトのみとし，排気は2重コンクリート壁をダクトに利用し，これを基礎底版下に設けたコンクリートダクトを通して機械排気している．

2重コンクリートダクトは一様の断面積を持つため吸込風量の不均一を起す恐れがあり，これの解決にオリフィスを応用した．

駐車台数の時間的変化に伴い3ブロック9点に分けたCO検出装置（ウラス）を用いて送排風機の運転制御を行ない駐車場経営の合理化，経済性を考慮した．運転制御は整流子モーターによる回転数制御である．

南北の換気計画と，南北コーナーの店舗構成により必然的に換気塔も2個所にそれぞれ給気塔，排気塔を配した．

北側給気塔断面積 34m² 通過風速 4.8m/sec
北側排気塔　〃　96m²　〃　2.6m/sec
南側給気塔　〃　88m²　〃　4.9m/sec
南側排気塔　〃　54m²　〃　2.8m/sec

特に南側換気塔は当初142m²の断面積を有するもの1本で給排気をまかなう予定であったが，施工段階で2本化し，給排気の短絡防止と意匠の調和を計ることができた．

換気計画を振り返ってみれば，コンコースを正圧にしたことと，駐車場の排気量を多くとったこと，中央集中方式をとらずダクト分散配置方式を採用したこと等は防災上の排煙効果からみても当を得たことであったと思う．

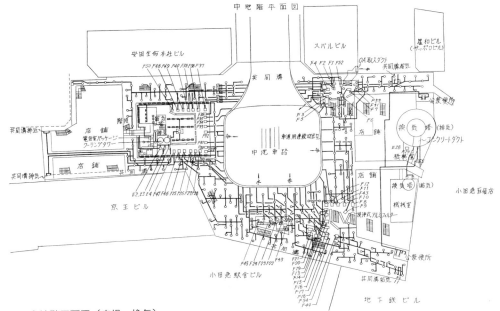

図2　中地階平面図（広場・換気）

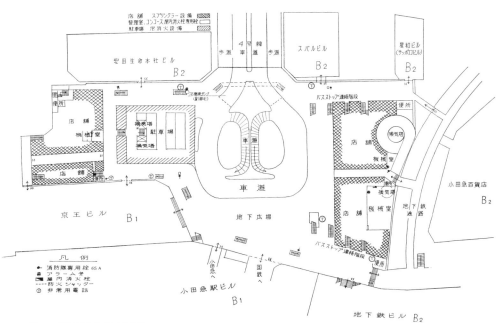

図3　地下1階平面図（区分図）

第2章　新宿駅西口広場の記憶　69

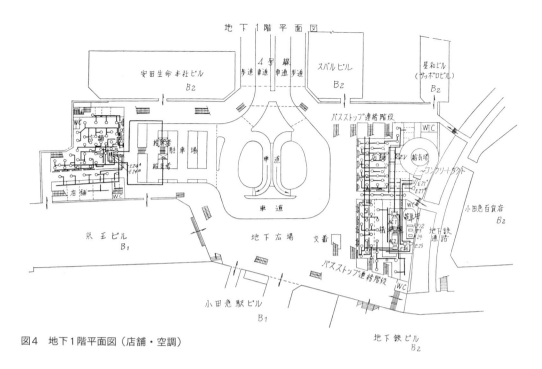

図4　地下1階平面図（店舗・空調）

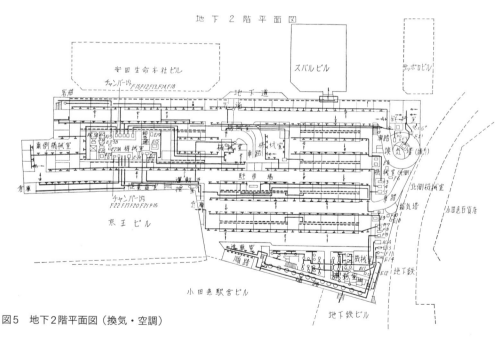

図5　地下2階平面図（換気・空調）

2-3 衛生設備

　飲用水には上水を，雑用水には井水を使用するように計画し，換気塔内に高置水槽を設けての重力給水法をまず検討したが，必要水頭が確保できるまで換気塔を高くすると美観上，都市整備上好ましくないため結局圧力水槽方式を採用することにした．

　上水槽120M³，井水槽360M³は地下2階2重スラブに設け，それぞれ圧力タンクを経て給水されている．圧力タンクへの給水方法は，極力圧力タンク台数を少なくし，ピーク時には，揚水ポンプの連続運転あるいは，ポンプ直結給水でも可能なようにすると共に，使用水量の減少する時間帯では動力費，消耗費の低減を計るため少容量の揚水量をもつポンプ4台のサイクリック運転を試みた．

　これに使用されたポンプ操作回路は，すべて無接点のトランジスター回路により構成されている．上水給水は管理系統，食堂系統，店舗系統の3系統に，また井水給水は，便所系統，駐車室散水栓系統，洗車室系統，店舗冷凍ケースへの冷却水系統，地上散水栓系統，噴水給水系統に分けられている．

　衛生設備も換気設備と同様事業主体の相異により設置場所，計量器を全く別個にしている．井水使用のため，さく泉を3本掘り，1500l/m × 75m の揚水量を確保している．

　このうち1本は副都心建設公社に属している．水量の確保は，衛生設備よりむしろ空調設備の必要上からである．さく泉には鉄道，変電所の影響による迷走電流，土質の相異等により腐蝕を起す危険があったため電蝕防止装置を取付けた．

　構築的には地上階は，土覆構造でないため地上雨水排水の配管処理が問題となった．そこで地上階にコンクリート配管ピットを設け，これに配管することによって管の破損，漏水による天井破損を防ぎ，保守作業の容易さを求めた．排水は旧広場に埋設していた東電，東京ガス，電々，水道，下水等を整然と収納した上下2本の新設共同溝内下水本管に接続している．

　汚水処理については，公衆便所の存在によって一段ときびしいものとなった．開業早々大便器洗浄装置の盗難にあい一時的に閉鎖のやむなきにいたった．使用頻度が多く，さらに使用程度の粗略さにより汚水ポンプの故障，配管の詰りは充分考慮され対策をとっておかなければならない．

　これに対処するに，従来のブレードレス，ナンクロッグ型よりさらに羽根角度，枚数に改良を加えられたクログレスポンプを採用し，管径も125Aと計算数値より2サイズアップとした．根本的には夾雑物の分離槽への導入，洗浄装置の盗難防止（自動洗浄あるいは，埋込型洗浄装置）を計画時より考えておくようにすべきであろう．

　南北両コーナーに入る店舗の中，飲食店系統への給排水，ガス設備は，設計時点では殆んど内容が決定しておらず，このような名店街のあり方として当然なのであろうが，既設店舗のデーターによる概略設計しかできなかった．しかし店舗工事へ本格的に入る頃には，入店者の意向，営業内容，設備の種類要求もかたまり，数度の打合によって甲，乙，丙工事に区分して設計変更し，工事の着手も円滑に進めることができた．

　各個店への供給は，各個メーター方式を採用，電気では各個店積算電力計を集合した総合計器盤を設けてその場ですべての店舗の電力消費量をcheckできるようにした．

衛生機器仕様

（小田急電鉄分）

上水圧力タンク　1500 φ × 1750H　内容積3.54m³
　　4.0kg/cm² ～ 2.0kg/cm²　2基

井水圧力タンク　1500 φ × 2000H　内容積3.96m³
　　同上　2基

上水揚水ポンプ　65MSVM × 400l/m × 48m × 7.5KW　4台

写真1 排煙実験（機械排煙）

写真2 排煙実験（店舗部分）

井水揚水ポンプ 50MSVM×220l/m×48m×3.7KW 4台
深井戸用水中モーターポンプ 125ϕ×1500l/m×75m×30KW 2本
デーゼル補給水ポンプ 80MS IV M×450l/m×48m×7.5KW 1台
竪型汚水クログレスポンプ
　80ϕ×500l/m×19m×7.5KW 4台
　100ϕ×500l/m×19m×11KW 6台
竪型排水ポンプ（ブレードレス）
　100ϕ×900l/m×19m×7.5KW 4台
　100ϕ×900l/m×23m×11KW 2台
湧水排水ポンプ（潜水型）
　50ϕ×200l/m×14m×1.5KW 4台
　上水引込管 100A 1本
　副受水槽 1M×1M×1M 1基
　ガス式込管 150A 2本

（副都心建設公社分）
井水圧力タンク 1500ϕ×1250H 内容積2.66M^3
　4.0〜2.0kg/cm^2 2基
井水揚水ポンプ 50ϕ×250l/m×48m×5.5KW 2台
フィルター洗浄ポンプ 80ϕ×450l/m×48m×7.5KW
　1台
深井戸用水中モーターポンプ 125ϕ×1500l/m×75m×30KW 1本
竪型ブルードレス排水ポンプ 125ϕ×1200l/m×19m×19KW 2台
竪型クログレス汚水排水ポンプ 125ϕ×1200l/m×19m×15KW 4台
上水引込管 50A 1本 直結給水法採用

2-4 防災設備

　地下店舗を含む広場と，駐車場の防火対策，排煙対策は過去いくつかの災害記録からみてその完備が叫ばれてきた．地下1階中央部の大開口は，排煙実験によってもその有効性が判明した．

　まず消火設備からみると，地上にある南北両換気塔の裾に65m/m双口型の防火栓，消防隊専用送水口，スプリンクラー専用送水口がそれぞれあり，緊急の時，消防隊による消火態勢を確立した．

　地下1階のコンコースには，侵入し易い見通のきく位置で，しかも50m半径で防護できる場所6か所に消防隊専用放水口を設け，店舗にはスプリンクラーを設備した．地下2階駐車場は泡消火により警戒され，更に5か所に消防隊専用放水口を設けて全体の消火に役立させている．管理室系統には屋内消火栓を設け，食堂にはスプリンクラーを設けている．

　排煙設備は，換気用排風機を利用し，ダンパーの切換によって，ブロック毎に必要な換気量（消防庁要望）30回/Hr以上，ブロック通過風速0.7m/s以上の確保に努力した．

　ただ苦しい予算のなかでは，ITVよる集中監視

と遠隔自動防火処置ができなかったのは心残りでもある．しかし，小田急監視室と副都心監視室との相互通話及び非常電話の設置によって防災センターの性格をとる事ができたのは，最大の強味であろう．

消火設備機器仕様

（小田急電鉄分）

常用圧力タンク　1000φ×1100H　内容積1000l　1基
原液タンク　1100φ×1260H　内容積1080l　1基
消火ポンプ　160φ×3100l/m×80m×7.5KW　1台

（副都心建設公社分）

常用圧力タンク　1000φ×1100H　内容積1000l　1基
原液タンク　1100φ×1260H　内容積1080l　1基
消火ポンプ　130φ×1730l/m×73m×37KW　1台

3　設備計画のプロセス

建築規模の広大さ，広場と駐車場という2つの相異なる使用目的から，設備計画の占める役割りは大きく，建築，構造計画のスムーズな進行には，初期段階から設備が参加してゆかなくてはならない．この段階で計画を押し進める基本線が討議され，設備も次の項目に沿って種々原案の作成にあたった．

(1) 事業主体が異なるため設備は完全に事業主別に分離する．
(2) 地下1階へ自動車を導入するため，コンコースへ及ぼす自動車排気ガスの汚染防止を考える．
(3) 広場動線の確保と，客用利用施設の拡大を計る．このためできるだけ設備機械室を小さくする．
(4) 広場，店舗と駐車場の防災対策を充分考え計画する．
(5) 埋設物の撤去とこれらを収納する共同溝の新設．
(6) 隣接ビルへの連絡と影響を考慮する．
(7) 店舗計画にともなう設備のあり方
(8) 地上広場の照明計画と排水計画

建築・設備に最も重要で，かつ広場の有機的性格と都市美の空間表現で成功した現在の3000m^{2}に及ぶ中央開口が過去検討段階で，いかに問題になっていたか，換気計画のプロセスからとりあげてゆくことにしよう．

2層式街路4号線のターミナルとして，西口広場の地下1階に自動車を導入し，併せて多数の人を地上から地下へ歩行させる広場との抱合わせ計画では，汚染空気の防止に重要な働きをする充分な換気計画が必要になった．

事業決定の時点（昭和35年6月）では，密閉された広場の構想で大気との連絡個所は自動車の出入車路だけであった．この密閉案に対して，中央車道部分に開口を設ける開口案が生まれ，両者の換気計画，防災対策，都市美の構成，経済性が比較検討されることとなった．

換気対策には，東大航空研の河村竜馬教授を委員長とする副都心建設換気技術委員会が設けられ，換気風量の算定と方式の妥当性が検討された．われわれもまた，強風時など中央開口から吹込む風によって自動車の排気ガスが流れ込み，吹溜り個所の局所的CO濃度の増加や，隣接ビルへのドラフトを極力避けるべき方法をいく通りかの換気方式によって比較検討していった．

風量の算出には，CO濃度の怒限度を100ppmに

速度（km/hr）	0	5	10	20	30	40	50	60
1（m）	5.0	5.3	5.5	6.5	8.3	10.6	13.7	17.6
密度（台/km）	200	190	182	159	120	94	78	57
交通量（台/hr）	0	950	1,820	3,080	3,600	3,760	3,650	3,920

車道部分を平均速度で渋滞，停止しながら走行する場合の交通量

おさえ走行自動車台数を推定することによって定まる．しかし，ターミナルとしての2層式自動車道路についての実際的データーに欠けているため，高速道路や道路トンネルでの実測値，外国文献の参考によって次のように決った．

《広場車道部分の所要換気量について》

速度50km/hrの場合の交通量は1車線当り950台/hr, 3車線では2850台/hr, 車種構成を乗用車（ガソリン車）90％，バス（ディーゼル車）10％と仮定する．

乗用車のCO発生量 = 2850（台/hr）× 0.9 × 1.5（重量t）× 0.017（m³/t・km）× 3.5（渋滞による補正）× 1.2（余裕による補正）= 274m³/hr・km

バスのCO発生量 = 2850 × 0.1 × 10.0 × 0.012 × 3.4 × 1.2 = 140

274 + 140 = 414m³/hr・km

許容CO濃度0.01％ 200m区間とすれば

所要換気量 $Q = \dfrac{414 \times 100 \times 0.2}{0.01 \times 3600} = 230$ m³/s

車道部分の交通密度から計算した場合

速度50km/hrの場合の交通密度は1車線190台/hr, 200mの区間では

190（台/hr）× 3（車線）× 0.2（km）= 114台

乗用車，バス平均CO発生量を0.5l/Sとすれば

所要換気量 $Q = \dfrac{0.0005 \times 114 \times 100}{0.01} = 570$ m³/s

車道部分に対し走行と停止（接車）を繰返した場合の換気量の計算

車道3車線に対し18km/hrの速度で進入し（進入時間40秒）20秒間接車した後発車するものとすれば1分間隔に移動を繰返すことになる．

交通密度　170台/km × 3車線 × 0.2km = 102台
交通量　3000台/hr × 3車線 = 9000台/hr

1時間の間に走行時間2/3hr, 停車時間1/3

乗用車のCO発生量
= 9000 × 0.9 × 1.5 × 0.017 × 2.5 × 1.2 × 2/3
= 413

バスのCO発生量
= 9000 × 0.1 × 10 × 0.012 × 2.0 × 1.2 × 2/3
= 173

413 + 173 = 586m³/hr・km

走行に対する換気量

$\dfrac{586 \times 100 \times 0.2}{0.01 \times 3600} = 326$ m³/s

停車状態のCO発生量（空ぶかし状態）

乗用車　0.46m³/hr
バス　1.30m³/hr

乗用車CO発生量 = 102 × 0.9 × 0.46 × 1/3 = 14.1
バスCO発生量 = 102 × 0.1 × 1.3 × 1/3 = 4.4

14.1 + 4.4 = 18.5m³/hr

停車に対する換気量

$= \dfrac{18.5 \times 100}{0.01 \times 3600} = 50$ m³/s

所要換気量 Q = 326 + 50 = 376m³/s

煤煙濃度による換気量計算（省略）

車道部分以外の面積に対しては1時間10～20回の換気回数を考えるものとする

《種々の密閉案と開口案の比較検討》

《中央開口案の決定》

I　地下1階広場の換気量について
(A) 中央車道部分の換気量
新宿副都心建設公社及び臨時技術委員会において中央車道の交通量2500台/Hrより発生されるCO量は（1台当りのCO量80l/minとした時）

$$80l/\min \times 2500/60 = 3280l/\min$$

となる.

これの怒限度を100ppm以下とするには,

$$3280l/\min \times \frac{1,000,000}{100} \times \frac{1}{60} \fallingdotseq 550\mathrm{m}^3/\mathrm{sec}$$

したがって必要給気換気量は550m³/secと決定された.

(B) コンコース部分の換気量

コンコース換気量は「衛生工業協会制定換気規格案」及び建築基準法東京都条令により35m³/hr/m²の換気量を考えるとすると,コンコース面積は8868m²であるから

$$8868\mathrm{m}^2 \times 35\mathrm{m}^3/\mathrm{hr}/\mathrm{m}^2/3600 = 86\mathrm{m}^3/\mathrm{sec}$$

とした.

II 換気方式の決定について

当初,本計画における換気方法は,中央開口を自然給気とし周囲より強制排気する方法(第三種換気)であったが,数回にわたる換気技術委員会および都の施設計画課における検討の結果,汚染空気の局所集中や,"フキダマリ"をなくすためには,これを逆にした中央開口を自然排気に用い周囲より強制給気する方法(第二種換気)の方がよりよいとの結論に達した.従って,以下に述べる換気方法は,その方針に従って計画されたものである.

新鮮空気送気方法概要

地下1階車路及びコンコース部分を機械力(送風機)を用い給気し,正圧(大気圧より高くする)とすれば,中央開口より容易に負圧側(地上大気)へ強制移行し,同時に全域に亘り給気されるので,新鮮空気の分布は良好であり,換気の目的を達する.

例えば,簡単な容器(図8参照)にA,Bの空気(新鮮空気)を供給すると,当然容器中の圧力は,大気圧Cより増大し,中央の開口より排出される.Aはコンコースの換気のために給気し,Bは車路

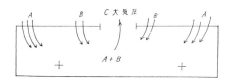

図8

図9

図10

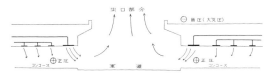

図11

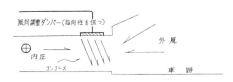

図12

図13

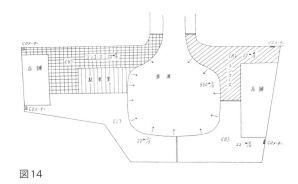

図14

の給気である．その機械力を用いて正圧及び新鮮給気の等分布とする．

車道近接部分天井面より送気する．車道より発生するCO量を怒限度以下にするための風量は前記のごとく550mm³/sであるからその風量を送気すれば稀釈される．

車路近接部分は図10のごとく送気することは，その吹出空気をエヤーカーテン的な風の壁を作り，車路よりの汚染空気の侵入を防止遮断し，コンコースの安全性を高めることとなる．

またその風の壁を作る風量は，COの怒限度のための風量550m³/sを給気するので，車路は完全に稀釈されて中央開口より排出される．

なお，吹出口は風向の指向性のあるものとし，つねに車路に向かい斜に吹く可動性のものとする．

以上により主眼点は車路及びコンコースを常に新鮮空気が等分布に供給され得る点である．

II 地上面の強風の影響について

車道近接部分より給気しコンコース部分も給気している場合，図11のごとく強風が直接侵入した場合を考えると，コンコース部分はつねに（＋）圧である．必要風量550m³/secは，つねに車道に斜向して吹き，エアーカーテン的な風の壁がある．その風の壁の力は，強風の外力にどの程度に確保できるかは次式及び図表で算出する．

周　　　長　350m
吹出口巾　0.32m
吹出口風速　5m/sとする
　　（通常エアーカーテンの風速）
$$350m \times 0.32m \times 5m/s \fallingdotseq 550m^3/s$$

衛生工業協会誌記載の京大教授工学博士新津請氏のエヤーカーテンの研究論文の計算図表より引用すると，図13のごとく成る．最大風速約2.8m/sまでの風力（外力）には30℃角度が適正であり，前記2.8m/sまでの風力側圧は防止できることが判明する．

風速2.8m/s以上の外気が吹込んでエアーカーテン的風の壁が破かいされても，すでに，充分稀釈されている状態となり，コンコースに流れ込んでも影響ないと考えられる．風の壁が破られ稀釈されていると考えられる風が，コンコースに流れこんで，フキダマリや局所集中が起こったとき，さらに衛生上安全を保つため，第2段階として，コンコース部分を図14のごとくブロックに分け，CO検出器の指令により風量を増加して，汚染空気のフキダマリを分散させ階段口より排気させる．

この場合CO検出器により調整する風量は，コンコースの86m³/sだけであるから検出器は100ppmで最大の風量を送風するように計画する．

ブロックは，1ブロック22m³/s吹き出すとして，
　　$86m^3/s \div 22m^3/s = 4$
ゆえに4ブロックにコンコースを分ける．
　　1ブロックの面積 $= 8865m^2 \div 4 \fallingdotseq 2216m^2$

CO検出器は，"フキダマリ"が生じ易い最深部に設けて代表させる．

III 換気方式による設備費と維持費の相違についてついても検討し，間口案の優位性が確認された．

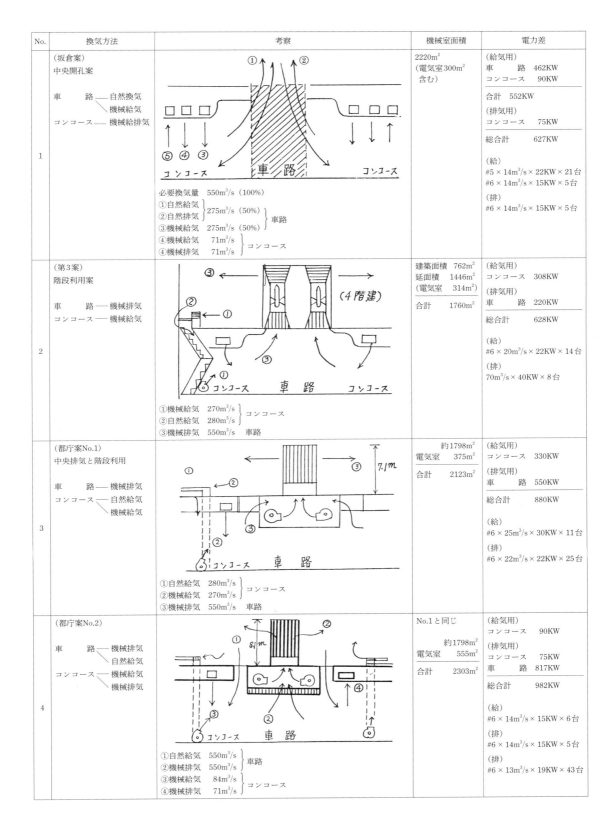

| 5 | (都庁案No.3)
車　路　─機械排気
　　　　　　自然給気
コンコース─機械給気
　　　　　　機械排気 | 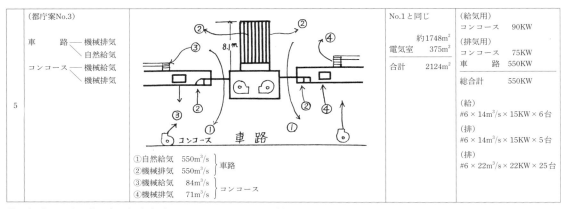
①自然給気　　550m³/s ｝車路
②機械排気　　550m³/s
③機械給気　　 84m³/s ｝コンコース
④機械排気　　 71m³/s | No.1と同じ

　　　　　約1748m²
電気室　　 375m²
合計　　　2124m² | (給気用)
コンコース　　90KW
(排気用)
コンコース　　75KW
車　路　　　550KW
総合計　　　550KW
(給)
#6×14m³/s×15KW×6台
(排)
#6×14m³/s×15KW×5台
(排)
#6×22m³/s×22KW×25台 |

第1案（坂倉案），第3案，都庁案（No.1, No.2, No.3）の比較（前頁および上）

各種換気方法の比較表

種別	機械配置とダクト	空気分布	機械室面積 電気室面積	建築構造
坂倉案	中地階に機械室，電気室を設ける．逆梁になるので機械配置は苦しい． ダクティングは可能	強風の時はコンコースに逆流する恐れがあるが，通常風速では開孔部による換気は充分期待できる．	機械室，電気室共にとれる．	単位m²当りの荷重が他に比べて軽い． スラブ厚も普通でよい．逆梁となる．
第3案	地上に高さ21mの機械室が必要となる．ダクトは階段室下の機械室より天井配管が可能	都庁No.1案と同様に中央排気のためコンコースの最深部では空気が滞溜したり接続ビルに流出する． 又，階段位置が近接している所では階段より逆に排気される事が起る．	機械室，電気室共にとれる．	建築構造物となり建築面積342m²地上4階建が必要となる．
都庁案 No.1	中央排気塔にダクトを結ぶため中央部分に無駄なスペースを生じ機械室面積を多くしている． 梁と天井面との間が500mmしかないため天井排気は有効でない．	中央排気のためコンコースの最深部では空気の滞溜あるいは接続ビルに流出し空気分布は悪い．	機械室は図面のように一杯であり電気室スペースがとれない．	逆梁りでもたせるため梁間の有効スペースがとれない． 構造的にスラブが厚い．
No.2	中央排気が下から行われるので3,700（スラブ～スラブ）間に消音装置1mをとると排気ファンは#5でないと納らない．ファン43台分の穴を下部に設けなければならない．	コンコースは給排気しているため圧力バランスはとれる．強風の時はコンコースに流出する．	機械配置はできるがダクトの接続ができない． 電気室スペースがとれない． 最大電力量となる．	43個の穴があくためスラブ強度がもてない． 構造的に不可能．
No.3	梁と天井面との間が500mmしかないためダクトの使用はできない．下図のように天井面を下げると排気可能 天井面を斜めにする	No.2では車路の真上に給気孔があったが，No.3のような位置ではショートサーキットして車道の汚染空気を有効に稀くしない．	機械室は有効に使用できるが，電気室スペースがとれない．	スラブ厚はNo.1より厚くなり梁間スペースがない．

第3章　坂倉準三と都市デザイン

坂倉準三の人柄と人脈，そして都市デザイン

藤木忠善

　坂倉準三（1901〜1969）は岐阜県羽島郡，竹鼻町の13代続く美濃の銘酒千代菊の醸造元坂倉又吉の四男に生まれた．県立岐阜中，一高と進み，東京帝国大学文学部美学美術史学科を卒業．文学部出の彼が建築家として，家具，住宅から渋谷，難波，新宿とターミナルの大規模な設計まで手掛けることになったのは，彼の強い近代化への意思と純朴な人柄，人脈の幅広さによる．また，それが活かされたのは彼の設計が注文主に精神的な満足感を与えたからだ．

　私が事務所に入ったのは経済が上向き始めた頃で給料も高く，先輩所員の給料遅配があった話を聞いて驚いたものだ．事務所で意外だったことが二つある．一つは坂倉の盆暮れの届け物が実家の清酒「千代菊」と酒粕，そして長良川のアユだったことだ．酒粕は所望すれば所員にも配られた．私はパリ帰りの坂倉が贈るものは当然舶来物だと想像していたので，彼が故郷の産物を届けていたことに驚くとともに，その素朴さと彼の故郷に対する誇りを感じて，すがすがしい気分がしたものだ．二つ目は設計室での坂倉の大きな声だ．自分の意思が上手く伝わらないと急に声が大きくなる．だが，ユーモラスに見えて後に残らない．この坂倉の大きな声も施主の前では急に小さな声になり，説明役の所員を大いに困らせた．設計室は自由な雰囲気で，中間管理職らしい人は見当たらず，新人も平等に扱われる個人尊重の空間だった．このような人間関係が後に坂倉スクールの強い絆となっているのだ．

誰もが許す坂倉の徳

　東京本郷の下宿にボッティチェリの複製画を飾り，美術史を学んでいた坂倉はゴシック建築に心惹かれ，卒業論文のテーマも「ゴシック建築」であった．しかし，腸チフスに罹り卒業が遅れた．療養中に建築家を志すようになり，ボザール帰りの中村順平に製図を教わり，東大教授で東京市建築局長を兼ねていた建築家の佐野利器に意見を聞いたりしていた．そして，当時ジュネーブ国際連盟館のコンペで斬新な案を出したル・コルビュジエに傾倒し渡仏する．一高では独文専攻で仏語も建築学も学んでいない彼がいきなりル・コルビュジエのもとに留学と聞いて周囲は無謀だと思ったが，誰も止めることは出来ず，坂倉は1929年横浜港からフランスに向けて出帆，28歳であった [*1]．彼は情報通であり，たぐいまれな眼力の持ち主で，これと信じたら猪突猛進して，必ずそれをものにするのだ．押しは強いが善良で真っ直ぐな坂倉に，皆が何となく道を開けたり従ったり，支えたりするというのが彼の人柄だ．

　エピソードがある．坂倉の成功を支えた小島威彦との出会いだ．彼は旧制五高から東京帝大文学部哲学科に進み，西田幾多郎の教えを求めて，京都帝大に転じた哲学者で，西欧諸国の情報収集の旅の途次，パリに立ち寄りパリ万博日本館の工事が始まった頃に坂倉と出会う．坂倉は初対面にも拘わらず，彼に自分の建築への想いや都市論，帰国してからの抱負を語った．この時，訥弁なのに能弁で，一生懸命に信念を伝えようとする坂倉に

小島は惚れたのだ．そして，坂倉の帰国後，坂倉事務所の顧問のような存在となり，彼の軍部，経済界，政界，官界へのパイプを活かして戦前，戦中，戦後を通して坂倉を支援することになる．

もう一つエピソードがある．1936年，ジャンプ日本代表選手だった伊黒正次はガルミッシュ・パルテンキルヒェンの冬季オリンピックの帰途，マルセイユから横浜に向かう船に坂倉と乗り合わせた．土木技師であった伊黒が船中でガルミッシュのジャンプ台の図面を広げていた彼に坂倉が質問したことから知り合い，横浜までの40日間，坂倉はル・コルビュジエと新しい建築について彼に熱く語り続けた．その時，伊黒はこの人は日本を背負って立つ建築家になると確信したという[*2]．文部省は1972年札幌オリンピックの大倉山ジャンプ台の設計を日本スキー連盟の推薦で坂倉に決めていたが，その専務理事が伊黒だった．34年ぶりに再会した二人は意気投合し，ジャンプ台を夏も使えるリゾート施設とする提案をしたが，文部省が受け入れず冬だけのジャンプ台となったという．私は海外のスキーリゾート視察の推薦状をもらうため，坂倉の紹介で岸体育会館に伊黒正次を訪ねたが，元所員ということで別格の扱いだった．氏は坂倉のことを心から尊敬していたことは言うまでもない．

大学時代の人脈

東京帝國大学文学部美学美術史学科美術史専攻の同級生に富永惣一，藤田経世，望月信成，8年先輩に村田良策，6年後輩に吉川逸治，同期の美学専攻に今泉篤夫がいた．美術史専攻の3年後輩には美術織物の2代目龍村平蔵（光翔）がいて，坂倉は龍村のために宝塚の住宅を設計している．その後も日本橋店を設計，織物や緞帳などを依頼する縁が続く．また，坂倉が弟子としてル・コルビュジエによる西洋美術館の設計を推進した際，その建設費を集めるため安井曾太郎など美術界や財界を挙げての募金活動が行われたが，ここでも美学・美術史学科の人脈が活かされたという．

パリ時代の人脈

坂倉の人脈形成の始まりは最初のパリ時代（1929～1936）と，2度目のパリ滞在（1936～1939）となる1937年パリ万博日本館建設に関わる人脈である．そして戦中のクラブ・シュメールとスメラ学塾，戦後のクラブ関西，クラブ関東に関わる人脈である．これらの人脈が連綿たる時間の流れの中で渾然一体となり戦前，戦中，戦後にわたる坂倉の仕事と事務所経営を支えたのだ．

渡仏から1936年までの7年にわたる坂倉のパリ滞在の前半は，ロンシャンの競馬を楽しんだり，ミロの画塾に通うなど，自由気ままにパリ生活を楽しんでいたので，多くの交友があった．ここでは坂倉のその後の活動に関わる人物として川添浩史，小島威彦，井上清一，原智恵子，岡本太郎，前川國男，西村ユリを挙げておく．何れも，お金と時間にゆとりのある自由で友愛の精神に満ちた連中だ．ちなみに川添は坂倉より12歳下で外務省の外郭団体の国際文化振興会嘱託，後に飯倉のイタリアンレストラン・キャンティのオーナーで光輪閣[*3]の支配人．小島は坂倉より2歳下，川添の親戚筋で文部省国民精神文化研究所員，海外諸国の情報収集担当者．井上はパリ万博日本館の設計の手伝いをした人物で坂倉の11歳下，キャパの『ちょっとピンぼけ』の共訳者，後に美術印刷の老舗便利堂で出版活動．原はピアニストで川添夫人．岡本は画家，坂倉の10歳下．前川は明確な予定を持った異色な存在で，帰国後，レーモンド事務所に入って実務を学ぶ．坂倉の4歳下．彼のパリ滞在は2年で，坂倉と重なる時期は7か月と少ないが，坂倉にとって終生の友となる．坂倉は彼を頼ってル・コルビュジエに会い，後に前川に次いで日本人弟子となった．西村は文化学院創立者，

西村伊作[*4]の次女で後の坂倉夫人．坂倉の建築家としての成功の陰には，全てに洗練され社交的であったユリ夫人の励ましと働きがあったことは誰もが知るところである．

パリ万博日本館の人脈

　パリ生活も長くなり無給で働く坂倉を心配した実家から帰国を促され，1936年，パリともこれでお別れかと暗い気持ちで日本に帰国する．坂倉が帰国すると国際文化振興会理事と巴里博覧会協会理事を兼ねていた大学時代の恩師，團伊能の推薦で，前田健次郎案による1937年パリ万博日本館建設の実施担当者となり，再びパリに赴いた．この日本館の仕事が後の坂倉が髙島屋との人脈を築く始まりになる．坂倉は持参した前田案を現地と不適合と判断，新しく設計し，その結果，建築部門のグランプリを受賞し，彼の世界デビューとなった[*5]．

　坂倉は自らの設計した日本館に展示する美術工芸品の選択についても考えがあり，海外に媚びを売るような日本趣味のものは隠すという挙に出たという．巴里万國博覧会協会事務報告書によると展示関係は髙島屋が担当であったが，当時，髙島屋の総支配人であった川勝堅一が陶芸家河井寛次郎の支援者で彼の作品を出品して展示品部門のグランプリを受賞した．これが縁で坂倉は川勝堅一の日本美についての見識に意気投合していた．坂倉は，その後も戦前の商工省，通産商などの工芸，デザイン関係の委員を川勝氏と共に歴任している．一方で髙島屋の飯田社長が1948年に設立され小島威彦が事務局長を務めるクラブ関西のメンバーであったことから，髙島屋との関係はより強くなった．このことから髙島屋が主要な株主であった南海球場と難波髙島屋のニューブロードフロアの仕事につながった．戦後の1948年の髙島屋和歌山支店もこの人脈であるし，1957年のミラノ・

図1　1937年パリ万博日本館北東外観

トリエンナーレ展もそうだ．この展覧会は通産省が資金不足で辞退を決めたのを，貿易のためには日本のデザインを世界に示さなければという坂倉の強い意向から髙島屋の全面的支援を取りつけ同展への参加を実現し得たのも前述したような関係があってのことであろう．その後も坂倉と髙島屋の緊密な関係は続いた．

クラブ・シュメールとスメラ学塾の人脈

　太平洋戦争が始まる直前の1939年，坂倉は帰国し西村ユリと結婚．ユリ夫人は彼にとってボッティチェリの描く理想の女性だったに違いない．彼は恋文を書くために，いつもゲーテの書簡集を抱えていたという．先に帰国していた坂倉のパリ仲間たちは，帰国する彼のために事務所開きの準備をした．川添浩史が赤坂桧町にオーストリア領事館だった2階建て洋館を手に入れ，その1階が坂倉建築事務所になった．翌年，2階は小島，川添，原，三浦環らのパリ帰りの人たちがつくったクラブ・シュメールのサロンになった．この2階は後に，同じく小島と仲小路彰らが立ち上げた日本世界文化復興会の本部にもなり，陸海軍の将官たちが出入りしたという．これは小島の兄，秀雄が海軍少将だったことによると思われる．坂倉が1940

図2 『新建築』1942年8月号 レオナルド・ダ・ヴィンチ展特集

年から海軍や軍需省の依頼で進められた組立建築も，1943年に所員とともに参謀本部の命を受けて陸軍文化工作班としてマニラに赴いたのも，このあたりの人脈であろう．

仲小路彰は東京帝国大学哲学科出の学者で国粋主義を唱え，高松宮と近く小島とともにスメラ学塾の主宰者である．この塾の主な活動は時局を反映した講演会の開催で，塾長は末次信正海軍大将，副塾長は藤山愛一郎であった．シュメールまたはスメラとは日本文化をシュメール文化（南メソポタミアの最古の都市文明）とつながるものとして，その高揚発展を願うことから用いられたという［*6］．仲小路は海外経験がないが列強の中で日本の進む道を説き戦時中には思想的に大きな影響力を持っていた．ちなみに坂倉夫妻は自宅と事務所が空襲で焼けたため，仲小路邸に居を移し，そこで終戦を迎えた．池辺陽［*7］によると，占領軍の検閲に備えて，事務所の焼け跡で坂倉とともに，残った図面や書類を燃やした．その中には1937年当時，日本から携行したパリ博日本館前田案の資料もあったという．

1942年に上野の産業会館で開催されたアジア復興ダヴィンチ展は大東亜思想に向けて国民を鼓舞することを目的に小島，川添，仲小路らが仕掛けたもので，当然ながら設計は坂倉に決まった．その会場設計は彼のパリ万博日本館グランプリの実力を国内で初めて垣間見せる機会となった．ちなみに，この展覧会を主催した日本世界文化復興会の会長は末次信正海軍大将であり，情報局，陸軍省，海軍省の後援であった．

坂倉の戦中から戦後にかけての行動は，ナチの傀儡と言われたヴィシー政権への協力と引き換えに仕事を得たル・コルビュジエの大戦中の態度と重なる．それは人間のために仕事をするという信念からだろう．ジャン・プルーベとル・コルビュジエによる戦時組立建築もナチ敗北を機に，復興組立建築に変わる．1940年，坂倉の尽力で，シャルロット・ペリアンが商工省の輸出工芸指導官として来日した際，持参した上述の戦時組立建築の図面から発した坂倉の戦争組立建築もまた敗戦を期に同じ道を辿った．

クラブ関西とクラブ関東の人脈

敗戦3年後の1948年，GHQによる公職追放があったため企業経営陣が若返り，その相互連携と親睦を図ることを目的として大阪堂島にクラブ関西が設立された．一部上場の企業社長など関西の財界人，文化人が会員であった．大阪銀行の鈴木剛とともに設立に尽力した小島威彦は事務局長に就任．坂倉は小島の推薦で1952年にそのクラブハウスを，1958年には新館（増築）を設計している．この頃，大きな役割を果たしたのは大阪支所長の西澤文隆である．彼は東京帝大工学部建築学科で辰野賞を取り1940年に坂倉事務所に入所した最初の所員．小島威彦も彼を高く買っていて，当時は日本の経済の中心が大阪だったので西澤と小島の息の合ったコンビは大いに設計受注に貢献した．心斎橋筋アーケードなどもその成果だ．西澤はその後，坂倉が日本の気候に合わないという反対を押し切ってコートハウスを追求し芸術院賞を受け

た．私は西澤の下で1年ほど働いたが，彼は船場の近江商人の家系で，訳の分からないうちに何となく仕事が進んでいくような具合で，彼の曖昧さと落ち着きは激走型の坂倉には必要な存在だった．南海会館のような大仕事も彼がいたからまとめられた気がする[*8]．ちなみに所員には近江商人の家系がもう一人いた．それはホテルの企画，設計で活躍した柴田陽三だ[*9]．

1951年には麹町にクラブ関東が設立される．目的はクラブ関西と同様だった．理事長は一万田尚登日銀総裁．これも一万田の意向を受けて小島が動いて設立したものだ．坂倉は小島の推薦で，このクラブハウスも設計している．この年に坂倉は内山岩太郎神奈川県知事の意向で企画された鎌倉近代美術館の指名競技設計に当選し，パリ万博の日本館に次ぐ彼の傑作が生まれた[*10]．この仕事の成功と人脈が後に神奈川県庁の新庁舎の設計受注につながった．また，同年には小島の恩師である西田幾多郎の記念歌碑を鎌倉七里ヶ浜に完成している．坂倉の設計によるクラブ関東の建物はチロール風のシャレーを思わせる切妻の大屋根だった．その大らかなファサードを見て塩野義の社長が自邸の設計を依頼したという．その後，塩野義製薬の研究所などの一連の仕事が始まる．坂倉は東急電鉄の五島慶太の前でもシャレーの良さを力説し，それが後に五島昇社長時代になって大屋根の白馬東急ホテルとして実現した．この坂倉の切妻大屋根へのこだわりは飯箸邸に始まり龍村邸，60m²の最小限住宅加納邸，小住宅の傑作である西宮の室賀邸と進み，その後，塩野邸，武見邸などの大邸宅へと続く．この間20年余，その大屋根の形態は，おそらくヨーロッパのリゾートで滞在したシャレーの記憶からきている．この時代に大邸宅を手掛けていたのはレーモンド，吉田五十八，村田政真ぐらいであったから坂倉の人脈の広さがうかがわれる．

一流企業の社主を会員とするクラブ関西とクラ

図3　クラブ関西（1952年）

図4　クラブ関東（1951年）

ブ関東のクラブハウスを坂倉が設計したことで，その人脈が彼のターミナル開発や各界の著名人の住宅設計の依頼につながったことは想像に難くない．一方で坂倉の所員は終戦後，占領連合軍の施設設計で大手設計事務所とともに，仕様書，設計クライテリア，竣工検査などで鍛えられ，所謂職能的な手続きを学んだというが，時をおいて坂倉事務所がのびのびと設計の実力をつけたのが，この両クラブの設計監理の仕事だった．坂倉の椅子シリーズ，西澤の造園術もこの仕事の中で大いに進展した．

私の見た小島威彦

坂倉を取り巻く人脈の中で，戦前，戦後を通して小島威彦という人物は，坂倉にとって親友でもあり仕事の獲得に欠かせない存在だった．しかし，

情報畑の人間らしく坂倉の仕事の記録の中に，小島の名前はいっさい見いだせない．小島はよく坂倉事務所を訪れていたが，彼が初めて私の名前を知ったのは，一万田尚登（当時の日銀総裁）邸担当の時だ．基本設計が終わった時点で担当の合田信雄が家業の都合で退所．私と水谷碩之が引き継いだ．ある日，小島氏が事務所に来て，「藤木君は誰」と．名乗り出ると彼は，一万田氏が「言うことを聞いてくれない」と言っているという．一万田氏が小島氏に電話したのだ．私は度々，細かい変更を求められていたが，その都度「坂倉と相談します」と言っていたのが原因らしい．小島氏に，変更も数多くなると基本が崩れる旨を伝えると納得してくれた．坂倉から小言もなく，一万田邸は無事竣工．小島は，いつもスーツにソフト帽という京大出の哲学者らしい端正ないでたちで玄関を通り，ホールの階段を軽やかに上って坂倉の書斎に向かう．将棋が始まったら負けず嫌いの二人だから長考で予定が狂う．その日にボスと打ち合わせがある所員は大変で，じっと待つよりない．時には所員を集めて小島の講話があった．それは事務所の一室の場合もあるし，龍土軒や国際文化会館の会議室を借りる場合もあった．彼は柔和な話しぶりの中にも，私のような若者の質問にも真剣になって議論を戦わすこともあったが，説得力があった．話の内容は概ね世界の情勢，文化，西欧のモラルといった内容で，彼の中国や欧州各国の留学体験談であったと記憶している．「サカ」（パリ時代からの坂倉の愛称）のもとで学ぶのもよいが，海外に出て勉強して広い視野を持つべきだと．実際に彼の影響で海外に留学した所員も数名いる[*11]．

坂倉の都市デザインの出発はニューブロードフロア

坂倉準三の都市デザインの出発点は1939年の満州国の首都，新京（長春）の南湖住宅地計画であると言われているが，それは坂倉がル・コルビュジエのアトリエで関与した1935年の「輝く都市」，1934年頃のアルジェやネムールの都市計画，1938年の農村住宅などの案を踏襲した啓蒙的な提案の域を出ず，住戸計画には新鮮味があったものの，実際に受け入れられる案ではなかった．

坂倉の都市デザインの出発点となったのは1950年の難波髙島屋のニューブロードフロアである．これは戦後からの飲み屋など雑居店舗街となっていた南海難波駅の9本のホームと8本の軌道敷の高架下を髙島屋百貨店の売り場に改装する仕事であった．この新しい売り場を大階段によりレベルの違う既存の売り場に接続し，同時に坂倉による増改築が完成した直後の南海スタジアムの客を導入するという計画．誰も引き受けないような，この仕事で坂倉はアクリライト，ガラスブロック，アルミ，当時新しかった蛍光灯などの新材料，鮮やかな色彩によって斬新で都会的な商業空間を創出して人気を博し，百貨店業界，私鉄業界に認知された．

この増改築で示された坂倉の手法は動線を重んじ，そこにシークエンスの変化を与えるというものだ．この手法は1937年のパリ万博の日本館以来，ダヴィンチ展にも示され，東急会館，新宿西口広場に至る．坂倉はニューブロードフロアについて，「谷川の水の流るる如く夥しい顧客の流れがよどむところなく流れてゆかなければならない」と記した．この増改築が商業的に大成功を収め，売上も向上した．資本家に対して建築家の存在価値と，デザインの力を示した点で大きな意味があった．

坂倉準三の都市デザインの原型は東急会館

ニューブロードフロアは百貨店の増改築であったが，坂倉の最初のターミナル・デザインとなったのは渋谷の東急会館である．それは難波髙島屋の増改築の成功を見た東急社長五島慶太の依頼によるものだ．それは渋谷の旧玉電ビルを増改築し

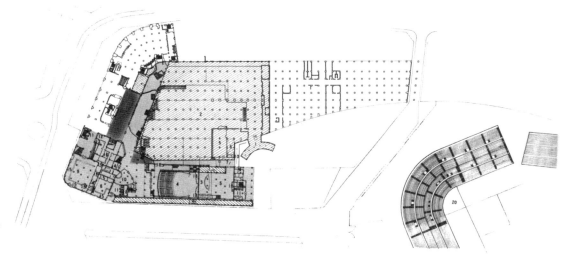

図5-1 ニューブロードフロア平面図（南海難波駅高架下改装）．斜線部分が新売り場，この上階は南海電車のホーム，右下は南海スタジアム（1950年），グレー部分は南海会館（1957年）

図5-2 ニューブロードフロア（南海難波駅高架下改装，1950年）．客を売場に誘うアクリルカバーの照明

図5-3 ニューブロードフロア（南海難波駅高架下改装，1950年）．スキップした売場を結ぶ大階段とキノコ型の柱頭

て，複合ビル東急会館として再生させる仕事であった．1954年に完成したこのビルは日本の複合ビルの始まりであり，特認により高さ43mとなり始めて31mを超えた．坂倉はこの計画発表に際して次のように記している．「渋谷綜合駅の錯綜せる交通動線を明快ならしむるため，その核心ともいうべき東急会館を増改築し，上層階に百貨店および公会堂を設け，国鉄地下鉄上空において三層の跨線橋をもって現在の東横百貨店（筆者注：旧）と連絡して一つの有機体としての綜合機能とそれにふさわしい外観を与え，別に計画された東急バスターミナルビル・京王帝都渋谷駅・金融センタービ

図5-4 ニューブロードフロア（南海難波駅高架下改装，1950年）．大阪スタジアム側入り口ポーチ

第3章 坂倉準三と都市デザイン　87

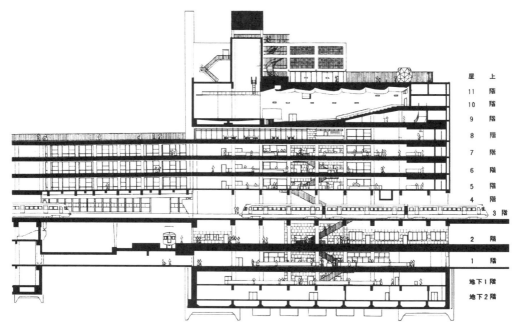

図6-1　東急会館断面図（1951年）．地下と1階，4〜7階は東横百貨店売場，2階は国鉄，玉川線，井の頭線コンコース，3階は地下鉄ホーム，8階は大食堂，9〜11階は東横ホール

図6-2　渋谷ターミナル，東急会館（1954年）．左から東急会館，跨線廊，旧東横百貨店．東急会館の手前がハチ公広場．上下に走るのがJR山手線，右側に走るのが玉川線，左側に走るのが地下鉄銀座線

ルその他とともに東京都民がこの広場に要求するあらゆる機能を十分に満足せしめ，中世のゴシック伽藍の広場にも比すべきわれわれの時代の多くの人たちの喜び集う広場の中心をつくり，都市計画の一つの解決をまず実現せんとする計画である」[＊12]．坂倉はこの中で，「われわれの時代の広場」を定義している．

　この計画は地下鉄をビル3階に引き込み，2階ではコンコースに玉電，井の頭線，国電改札を配し利用者の乗り換え動線を解決し，さらには各階に店舗・売り場，上部にはホールを設けた複合ビルを実現している．また，その設計を支えるのに構造関係は二見秀雄，武藤清，仲威雄，竹山謙三郎，コンクリートは平賀謙一，音響は五十嵐一，石井聖光，防振は佐藤孝二という建研，東大，東工大の一流の学者たちを動員した[＊13]．これは坂倉の自分の分からないことは一流の専門家に任せるべきという考えからである．それは坂倉の文学部出身の建築家であることの自覚から発している．新

図7-1　南海会館断面図（1957年）．地階は地下鉄へのコンコース，1階は南海電車難波駅コンコース及び駅舎を含む．上階の左部分が髙島屋百貨店売場，中央部分が3層に重なった映画館，右部分がオフィス

宿駅西口広場の計画でも東大航研や建設省土木研究所の学者たちの助力を得て中央穴開き案を実現したことと重なる．坂倉は東急会館に続いて，上述した坂倉の文章にあるように，渋谷の総合計画に着手し，その計画から，明治通りを隔てた東急ビル跡地に四つの映画館，プラネタリウム等を含む複合ビル，東急文化会館の設計を受注している．この東急会館と東急文化会館の二つの複合ビルの成功が，大阪難波の南海会館の仕事につながった．なお，渋谷ターミナルの開発はJRと東急電鉄の共同ビル，渋谷西口ビル（1970年）まで続いた．

複合ビル南海会館

東急文化会館竣工と時を同じくして，坂倉は髙島屋と南海電鉄から南海会館の設計を依頼される．それは南海本社などの事務フロア，南海難波駅の駅務関係施設，三つの映画館，髙島屋百貨店売り場，銀行などを含む複合ビルである．それは久野節の1932年設計による髙島屋本館の南側に接して南海難波駅ホームを抱くように増築された．ホームの下は1950年に坂倉が手掛けたニューブロードフロアである．ここでも坂倉は東急会館で示した手法と同様に，南海電車，地下鉄の乗降客と乗り換えの動線と買い物や映画鑑賞などの流れをスム

図7-2　南海会館外観（1957年）

ーズに解決し，1957年竣工以来，大阪南の文化施設として人気を集めた．延べ面積38,000m²の設計監理は膨大な仕事量で，小人数の大阪支所（西沢文隆所長）の人数では足りず，東京事務所から私を含む数名が大阪出向となった．この大規模な設計に取り組んだ経験と自信が坂倉を小田急ビルや新宿駅西口広場の設計受注に結びつけた．

新宿駅西口広場と小田急ビル

そのような実績から坂倉は私鉄業界，さらに財

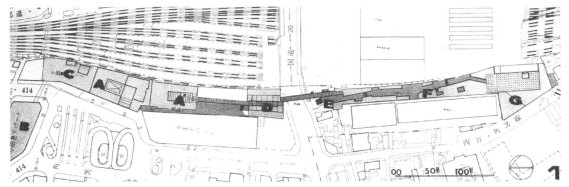

図8-1 新宿西口から代々木へのプロムナード

図8-2 小田急サザンタワー，新宿サザンテラス（1998年）

界との関係を築き，かつて五島慶太の同僚であった安藤楢六（小田急電鉄社長）の信用を得て小田急ビル，新宿駅西口広場および地下駐車場の設計を手掛ける．これはニューブロードフロアから16年を経てたどり着いた彼の都市デザインである．坂倉は小田急ビル竣工の2年後の1969年に急逝．しかし，坂倉の意図は坂倉建築研究所（阪田誠造所長）によって引き継がれ，西口広場に発した新宿南口への開発の波は新宿ミロード，新宿サザンテラス，小田急サザンタワーと続き，1998年にはJR代々木駅に至る約1kmにプロムナードを形成した［＊14］．

坂倉準三が目指した
太陽が照らすハイブリッドな都市空間

　坂倉の目指したターミナル広場とは共和国の人民が集うヨーロッパの歴史的広場でもなく，未来都市を提案する都市計画家の描く広場でもない．「新宿駅西口広場」という名称も1948年の建設省告示によるもので，以後，これが，そのままジョブネームになったという経緯から見て「広場」には特別な意味はない．坂倉が提案した「広場」は，当時，大阪梅田や新宿東口で人気を集めた地下街や通路ではなく，太陽の光に溢れた都市的空間だ．それは民間の力と公共の要請を現実的に解決し，電車・自動車・歩行者の機能的な乗り換え点に商店や文化施設を交えたハイブリッドで魅力的なコ

ンコース空間なのだ．また，それはパリ万博日本館以来，坂倉の動線と空間の関係を重視する姿勢が生んだ「歩いて感じる建築」の都市デザインへの展開とも言える．

坂倉準三の建築活動の信念

坂倉は，たとえ，既存の建物の増改築という悪い設計条件であっても臆することなく立ち向かう建築家であった．そして，多くの実例を示して「商業建築」も立派な「公共施設」であることを示した．また，都市インフラである心斎橋アーケードや全国の高速道路のトールゲート（料金所）やサービス施設など建築，土木を問わず取り組んだ[*15]．彼は常に現代の人々のためのデザインを志向し，「モダニズム」という言葉に批判的だった．彼は「近代建築」の担い手というよりも，むしろ柔軟な現実主義者だ．

欧米では建築は美術系で，工学系はシヴィルエンジニアとされ機械，橋梁，土木などが仕事の範囲である．日本では，歴史的に官の建築に関わるのは工学部出の建築家と決まっている．坂倉は文学部の美学美術史出であるが，彼の美的感覚と造り酒屋育ちという二つの感性と持ち前のエネルギーで，工学系の人たちと対等以上の位置を得た．これは坂倉の人脈，そして，何よりもデザインの力によるものであろう．そして，坂倉最後の仕事になったホテルパシフィック東京（現在の品川グース）も施主は京浜急行電鉄であったが，これも渋谷開発以来の東急五島昇の人脈によるものだ．ちなみに，当時の彼の建築・都市計画関係の委員歴は建設省建築審議会委員，建設省中央建築士審議会委員，大都市再開発問題懇談会委員，東京都建築審査会委員，日本道路公団施設検討委員会委員，有料道路施設検討委員会委員，日本道路公団顧問，日本建築家協会（JIA）会長などである．

注

*1 富永惣一「坂倉準三の思い出」『現代日本建築家全集11 坂倉準三・山口文象とRIA』月報11，三一書房，1971年．

*2 土木技師の伊黒が建築家の坂倉に，ここまでシンパシーを持った理由は，坂倉も一高時代からの熱心なスキーヤーで，本場でフランスとオーストリアのスキー術を学んでいたことだ．

*3 高輪の高松宮邸を転用した迎賓館．1946年当時，GHQの占領政策で多くの宮邸が各種の施設に転用された．光輪閣は主として占領軍高官，海外使節の接待に用いられた．

*4 和歌山県出身（1884〜1963），芸術家（建築，絵画，陶芸，詩人，作家）．自由で創造的な教育を標榜した．学校令に縛られず，一流の芸術家を指導者とする文化学院を創立．大戦末期には反戦を唱え投獄される．

*5 日本館は万博閉幕後，撤去された．開館はわずか6か月，坂倉の実質的な世界デビューは印刷メディアによる．それはチューリヒのギルスベルジェにより1940年に3か国語で出版された『The New Architecture』である．「モダーン」ではなく「新しい」だ．副題はその「20選」．日本館はアールト，ル・コルビュジエなどの作品に並んで紹介され，坂倉38歳の顔写真のほか会場写真，菱形格子の詳細図などが掲載されている．編者はル・コルビュジエの弟子でスイスの建築家アルフレッド・ロート．

評論家のギーディオンがミース・ファン・デル・ローエの建築を引き合いに出して，この日本館の鉄骨構造を讃えたというが，パリで建築設計の経験がある竹村真一郎（坂倉OB）によると，日本館の鉄骨構造やシャッターなどのディテールはフランスではごく標準的なものであるというから，むしろ，構造を目立たせずに流れるような展示空間を創出したところが坂倉の独壇場なのだ．また，外壁の菱形格子は先輩所員によると，坂倉自身が前田案のナマコ壁の翻案だと語ったという．これは万博協会当局の「出来るだけ原案を尊重して設計」という趣旨にも適う道だった．この日本館の設計経緯については『大きな声——建築家坂倉準三の生涯』（鹿島出版会，2009年）所載の拙稿「東京・巴里1936〜37」に詳しい．

*6 クラブ・シュメールの思想について，坂倉事務所創業期の所員二人の記述がある．西澤文隆は「チグリス・ユーフラテスの二つの川に挟まれた三日月形の中州は芦原でスメール王国が栄えていた．その東へ散った子孫の国が豊芦原の中津国，即ち我が大日本帝国である」（「坂

倉準三と私」『建築』1970年6月号）とした．また，駒田知彦は「南インドのドラヴィダ族やインドアーリア族の源となる南メソポタミアの王国スメル（Sumer）族，その東漸の終点を日本と考える」（「坂倉さんと創業期」『坂倉先生の思い出』坂倉家私家版，1996年）と記している．

*7　建築家，東京出身（1920～1979）．当時の所員で組立建築担当，後に東大生産技術研究所教授．（財）建設工学研究所理事．1950年立体最小限住宅発表．住宅の近代化，工業化に貢献．

*8　西澤文隆の仕事ぶりについては『西沢文隆小論集 栞2』（相模書房，1976年6月）の拙稿「西沢さんのこと」を参照されたい．

*9　柴田は合田信雄が担当し，坂倉がコンペに当選した横浜のシルクセンターのホテル部分を担当．その後退所して大成観光に移り，谷口，小坂，清水の設計によるホテルオークラの建設に従事したのを機に観光企画設計社を設立．多くの国内外のホテルを設計．

*10　このコンペの当選は当時仕事がなかった坂倉事務所にとって，起死回生の出来事だった．指名5者の中で，坂倉案だけが鉄骨造で廉価な工費も当選理由の一つ．応募案は1943年の龍村邸に似た中庭のある平面をもち，担当所員の北村脩一と辰野清隆の証言によれば，これはル・コルビュジエの無限成長美術館というよりは，パリ万博日本館を発展させたもので，環境への調和，中庭を中心にした内外空間の相互貫入，流れるような動線を目指したという．それは，まさに坂倉の「歩いて感じる建築」だった．

*11　坂倉準三と小島威彦の関係について書かれた論文に，磯崎新の「坂倉準三の居場所Ⅰ」と「同Ⅱ」がある．前者は2009年5月，鎌倉近代美術館「建築家坂倉準三展　モダニズムを生きる，人間，都市，空間」のカタログに掲載．後者は『住宅建築』2009年7月号に掲載．何れも1930年代から戦後にかけての時代を展望し，表題を超えた広い視野と深い洞察に満ちた論文．

*12　『国際建築』1954年1月号に坂倉準三建築研究所による東急会館の計画が発表されたが，その記事中に掲載された文章．これには坂倉準三の名前の記載はないが，私が所員時代に何度か坂倉の原稿の校正をした経験から，用語，文体から見て坂倉本人の文章と考えられる．

*13　東急会館の設計と施工については『東急会館工事報告』（駒田知彦〔坂倉準三建築研究所〕編集，東急電鉄株式会社刊，1955年）に詳しい．

*14　このプロムナードの計画については『建築の誠実』（阪田誠造＋阪田誠造の本をつくる会著，建築ジャーナル，2015年）の「新宿南口サザンテラスと大通り構想」の項に詳しい．

*15　都市間交通の新しいインフラである高速道路網が計画され，道路公団はトールゲートの設計について1961年に有料道路施設設計検討委員会をつくった．岸田，前川，市浦，丹下，坂倉らが集められ，その設計に誰も手を挙げなかったため，坂倉が引き受けることになった．北村脩一，浅野雅彦が担当したプロトタイプは名神，東名高速の各所に設けられ，今ではアノニマスな存在になっている．

参考文献

『大きな声――建築家坂倉準三の生涯』私家版，大きな声刊行会，1975年（市販版，鹿島出版会，2009年，坂倉論文6点を新たに収録）．

「近代生活ニ於ケル美術ト工芸」『巴里万国博覧会協会事務報告』巴里万国博覧会協会，1937年．

小島威彦『百年目にあけた玉手箱（全7巻）』創樹社刊，1995～6年．

伊黒正次『日本スキー意外史　我が師我が友』スキージャーナル，1977年．

坂倉準三建築研究所（駒田知彦編集）『東急会館工事報告』東急電鉄，1955年．

『坂倉先生の想い出』（所員16名の想い出文集），坂倉家私家版，1996年．

『坂倉先生の想い出2』（同14名の想い出文集），坂倉家私家版，2009年．

坂倉準三の建築に隠れた都市性の発見

萬代恭博

坂倉準三と都市計画の繋がりはパリのル・コルビュジエのアトリエに在籍した時代（1931〜1936年）に遡る．坂倉はル・コルビュジエの日本人弟子の中で最も長い期間修業した建築家であり，責任ある立場で作成した図面も多い．「ナンジェセール・エ・コリ通りの集合住宅」「救世軍本部」などの工業化建築部材を多用した建築の実施設計の他に「アルジェ都市計画」「ストックホルム都市計画」「輝く農村と農場（農地再編成）」などの都市計画（ユルバニスム）のプロジェクトに携わっている．また帰国後1940年に坂倉建築事務所を設立，戦時中の1939年に満州国新京にて新京南湖住宅地計画案を行ったが，これは実現に至らなかった．

戦後，早い時期から坂倉は大阪の難波，続いて東京の渋谷，新宿をはじめとする民間のクライアントによる交通拠点を核とした都市的作品を次々と実現した．規模が大きく，市民になじみのあるこれらの作品は社会的に認知度が高く，坂倉の建築家としてのアイデンティティに大きな影響を与えている．一方でこうした都市的作品は，事業としても長期間にわたり，点と点を結ぶようにアメーバ的に展開する性格を持っていた．さらに個々の建築については強い完結性を与えられているわけではなく，当時いわゆる狭義の建築といったジャンルの中での評価が行いづらい側面があったのではないだろうか．そして，それ以前の問題として，建築家・坂倉準三を理解するためには都市または個々の建築のどちらに関心を向けていたのか，あるいはそのどちらにも属することのないものを目指していたのかを知る必要があると思われる．

仮に，坂倉にとって，都市とは街路や環境の一要素として発想された建築の集合体と捉えられていたとしたら，逆に坂倉の建築作品の中に都市性を発見できるのではないか．ここでは，坂倉のいくつかの建築作品に着目し，そこに隠れた都市性について探ることにする．

建築作品に見る都市性について

坂倉準三はその生涯で250を超える数の作品を実現した．ここでは，その中から都市性が表れているものを見ていくことにする．

パリ万博日本館（1937年フランス，パリ）

坂倉準三の最初の作品として知られる1937年パリ万国博覧会のパビリオンである．坂倉はこの作品において，オーギュスト・ペレを審査委員長とする建築部門でグランプリを受賞，坂倉の華々しいデビュー作となった．

当初，日本の万博協会は「日本文化ヲ世界に宣揚スルニ足ルベキモノ」として面積1500m^2，平屋建，高さ20mの塔を持ち「塔の屋根は瓦ぶき，漆ぬり大黒柱に廻り廊下」の前田健二郎案を採用し，坂倉は前田案の現場監理を行う目的でパリに向かった．しかし，敷地はトロカデロの丘の傾斜地であり，平坦地を前提とした前田案を見直す必要が生じた．さらに実施案のままでは樹木繁茂および樹木の伐採に対する多額の納付金，土地の復旧義務に要する予定外の費用が必要であった．こ

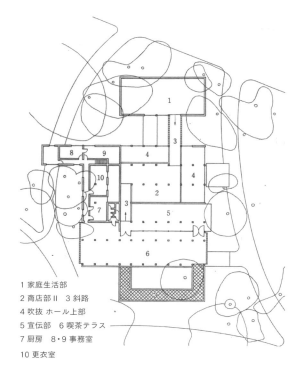

1 家庭生活部
2 商店部II 3 斜路
4 吹抜 ホール上部
5 宣伝部 6 喫茶テラス
7 厨房 8・9 事務室
10 更衣室

図3　パリ万博2階平面図

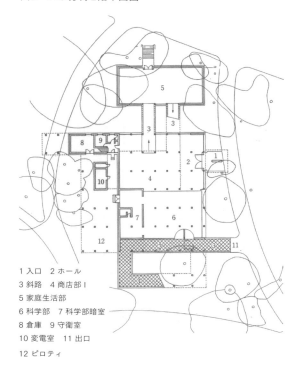

1 入口 2 ホール
3 斜路 4 商店部I
5 家庭生活部
6 科学部 7 科学部暗室
8 倉庫 9 守衛室
10 変電室 11 出口
12 ピロティ

図4　パリ万博1階平面図

図1　パリ万博日本館正面外観

図2　パリ万博日本館内観

れらのことが，急遽パリのル・コルビュジエのアトリエの一角を借り，坂倉の手で今までに類を見ない構想を生むことに繋がったのである．

坂倉は1939年6月号の『現代建築』において日本館の特徴を次のように述べている．

1，プラン平面構成の明快
2，建築の明快
3，建築構成要素（構造材）の自然美の尊重
4，建築と建築を囲む自然（環境）との調和

この4点を過去のすぐれたる日本建築の特徴として挙げられるものであるとしている．

さらに博覧会建築という特殊な機能を活かすための構成として，日本館に次の諸点が挙げられ

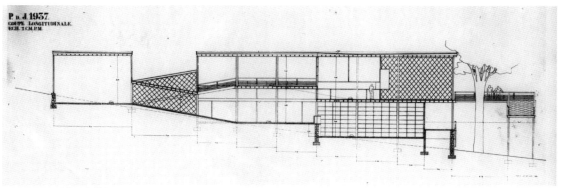

図5　パリ万博日本館断面図

るという.

1, 本館を貫く通路をすべて広い斜路となした. すべて建築に於てその通路は人体に於ける消化器官系統の如く最も重要なる構成器官である.
2, 更に通路の方向を入口より出口に向かう一方向となした. 多人数の去来する博覧会建築においては通路に対する顧慮は殊に重要である.
3, 斜路の一部を外部庭園に置いて来館者に疲労を休める充分の余裕を与えて快く館内数多の出品を見尽し得るようになした.
4, 本館と事務館とを外観上に於いても内部の機能構成の上に於いても確然と分かつと同時に必要なる共同動作に欠くるところなく構成した.

平面図からは, 坂倉が建築と建築を囲む自然 (環境) との調和と述べているとおり, 敷地の既存樹木を避け, 斜路で有機的に繋がれた2棟構成のボリューム配置, そしてボリュームからあえて外部に跳ね出し, 既存樹木を迂回して配置したスロープなど, 樹木 (自然) と建築を等価に扱って構想していることがわかる. さらに展示動線に回遊性を持たせ, 2階の半外部として配した喫茶テラスと相まって, 内部と外部が曖昧な関係をつくることで, 限られた面積の中で非常に多様なシークエンスが仕組まれていることを図面からもよく判別できる.

断面図には既存地形が点線で表現されており, 端部で約5.5mの高低差を持つ斜面がほぼそのまま3層のスキップフロアレベルとそれらを繋ぐスロープの勾配を決定づけていることが読み取れる. 中段に配された入口のホールと, 最も高い位置に配した「家庭生活部」と名づけた展示室との約1.5mの高低差を約1/7勾配, 2.5m幅のスロープで繋ぎ, その室を踊り場としてホール上部の「商店部」と名づけた2階展示室に回遊する. この「商店部」の床は2面を天井高約7.5mの吹抜けに面したかたちで入れ子状に配しており, 今まで巡ってきた順路を見下ろす関係になっている. スロープで上がってきた床レベルは「商店部」を頂点として, この先はスロープで下って回遊するシークエンスとなっている. 天井はフラットなまま, 床の高低差約1.5m, 1/6勾配, 2.5m幅のスロープで次の空間 (天井高4.85m) に緩やかに降りていく. ここには, 内部化された「宣伝部」, 半外部化された「喫茶テラス」が配されており, 配置図からは (樹木に視界が遮られていなければ) 正面にエッフェル塔が望めたであろうことがわかる. 内とも外とも判別がつかないテラスの半外部空間は, 残された写真からも坂倉の主旨のとおり「来館者に疲労を休める充分の余裕を与えて快く館内数多の出品を見尽し得る」場所が体現されていたことがわかる. この「喫茶

テラス」は側面を特徴的な菱目格子のガラス壁で緩く囲われているが，正面に配された手摺と同じ欅の透明ニス仕上げで外部に張り出した約2.5m幅のスロープで既存樹木を一周するかたちで1階へと導かれる．

　この作品は，開館後，各国の建築家，批評家の注目の的になった．パリの批評家はこの作品を日本的であると評し，日本の批評家は逆に西洋的であると評した．しかし，○○的という様式的なものとは異なる評価こそがこの作品を表現するに相応しいと思われる．博覧会建築の用途から構想された回遊性とシークエンス，それらが生み出す人間の自由な行き来がもたらす快さをその後に展開される坂倉の作品にも発見することができる．

レオナルド・ダ・ヴィンチ展（1942年東京都台東区）

図6　ダ・ヴィンチ展で李王家を案内する坂倉準三

　太平洋戦争開戦翌年の1942年7月から10月にかけて，上野池之端に大正年間にできた産業館で開催された展覧会の展示計画である．主催は日本世界文化復興会，後援は情報局，陸軍省，海軍省であった．展覧会委員会名簿にはイタリア大使，軍関係者，閣僚が名前を連ねるなか，常任委員として坂倉準三の名前が記されている．開催主旨の文章には，日伊同盟文化の積極化に貢献するために1939年ミラノで開催された同展を1941年ニューヨーク万国博覧会に続き，日本で開催されたこと，それまでのレオナルド・ダ・ヴィンチに対する画家としての評価に留まらず，政治，経済，軍事，宗教，科学，工学，技術，機械，生活，道徳，思想などのあらゆる諸領域に対し，彼が多彩多角的な天才であったことを理解し，ルネサンスに対する東洋文化の伝承を示そうとするためのものであると記されている．計画は開戦前の1941年秋頃から開始，図面台帳に残る最初のドローイングは1942年2月に作成されている．会期中には坂倉が李王家の案内も務めた．

　平面図からは会場の産業館は長辺114m，短辺82mの巨大なロの字型平面形で，室内空間も幅15m，ヴォールト型トラス屋根の下端でも高さ約9〜10mの大空間であったことがわかる．何の変哲もないガランとした空間に，坂倉は多様にわたる設えを施すことにより空間を一変させることに成功した．

　正面入口には産業館の既存入口の前にU字型の庇を増設し，正面性を強く表現している．

　内部に入ると，順路は反時計まわりの一方向である．約5mのハイサイドから自然光が注ぎ，床には砂利が敷き詰められ，蛇行して設けられたコンクリートブロック舗装の順路に導かれて観覧者は迷路のような空間に入っていく．展示に応じて舗装の幅を変化させ，衝立状に自立した展示壁は様々な高さで視線を制御し，その先の順路を見え隠れさせながら複雑なシークエンスを体験させるよう配されている．展示物は壁面展示から大型の水車や空中に吊るした飛行機まで多種多様なもので，その間を縫うように蛇行した順路が続く．

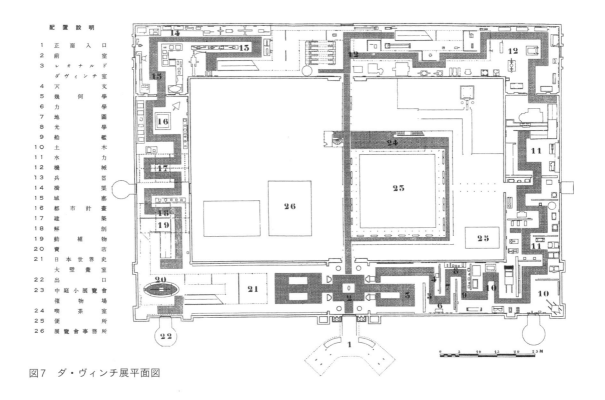

図7 ダ・ヴィンチ展平面図

配置説明
1　正　面　入　口
2　前　　　　　室
3　レオナルド
　　ダ・ヴィンチ室
4　天　文　學　室
5　幾　何　學　室
6　力　學　園　室
7　地　學　園　室
8　光　學　園　室
9　船　舶　室
10　土　木　力　室
11　水　力　室
12　兵　機　械　室
13　橋　梁　室
14　城　塞　築　室
15　都　市　計　畫
16　建　築　部
17　解　剖　室
18　動　植　物　室
19　賣　店
20　日本世界史室
21　大　壁　畫
22　出　　　　口
23　中庭小展覽會場
24　喫　茶　室
25　便　　　　所
26　展覽會事務所

　断面図からはこの計画の最大の特徴を知ることができる．一つは大空間の中に入れ子状に設けたスロープで導かれる中2階の床組みである．床の高さは2.8m，2.24m，1.68m，1.12mと様々である．スロープの勾配は約1/6.4で幅2.5mであり，パリ万博日本館のスロープに近似していることがわかる．この床も蛇行を繰り返し，床下を潜る他の観覧者を見下ろしながら次の展示室に下って導かれる．さらに順路を進むと「建築」展示室，「解剖」「動植物」展示室には空中に吊るされた展示壁（平面的に2×3コマの格子状）があり，下を潜りながら壁面を見上げるように展示品が設えられている．この空中壁は2.5mと1.4mの2種類の高さがあり，それぞれの下を2.1m高さで潜るようにつくられている．なかでも特徴的な部分は「動植物」展示室にスロープと空中壁を複合させた展示空間である．1階から1.12mの踊り場の空中に1.4mの展示壁が重なっている．

図8　ダ・ヴィンチ展内観

図9　和歌山髙島屋外観

図10　和歌山髙島屋スロープ内観

図11　和歌山髙島屋喫茶店内観

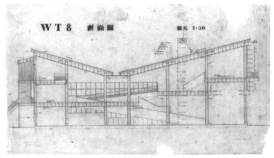
図12　和歌山髙島屋　断面図

巨大な会場に，多種多様な展示物，さらにそれらを平面，断面の構成を駆使して見せる設えを体験した観覧者はさぞかし満足をして帰路についたことであろう．このように，一つの大空間のなかで人間の多様な行動や体験を生む手法が，戦中の時期にも構想されつづけていた．

髙島屋和歌山支店（1948年和歌山県和歌山市）

戦後間もない1948年，和歌山市公園前に計画された1,200m^2の百貨店である．坂倉はこの後，多人数が集まる都市空間として商業施設を核とした計画を多く手がけるが，この作品はその先駆けといえる．

1949年1月号の『建築雑誌』で記された設計要旨は次の2点である．

1，現在の日本の建築界が負っている各種マイナスの条件の中にあって，殊にこの場合は木造と言う限られた条件に於いて屋根と周囲の壁に依って建築が造り出す空間を如何に余す所なく使用するか．
2，百貨店と言う機能——多数の客が種々雑多の品物を買う為に出入りする場として其処に働く人々（顧客及び百貨店従業員を含め）が如何に快適に仕事をなし得るか．この課題を解決する為に立体的なプランニング（平面計画と断面計画の綜合）を試み特殊な屋根伏を採用した．前後二つに掛け渡した大きな片流れ屋根，天井は在来の小屋裏の無駄を排して屋根と平行に斜に張られ，多数の人達による汚れた空気は斜の天井線に沿って自然に換気されると共に小屋裏の熱した空気は又小屋裏で斜に昇って換気される．この二つの大きな天井面に沿って構築された雛段式改層，之等の平面改層を立体的に結ぶ斜路——かくして建築全体を貫いて新しい生命を持たせる様努力した．

木造でありながら3寸角の木材を束ねた合成柱を金物で基礎と緊結して地面からのカンティレバーとして立ち上げ，バタフライ型の大屋根を支持する構造形式を試みている．

平面図からは23×27mの正方形に近い長方形のボリュームで，裏方の隅に2スパンの宿直室，便所が閉じている他は壁のない一つの空間であることがわかる．正面の入口を入ると5.6mの高天井でその上に中4階の喫茶室が配置されている．

断面図からは大空間の中に3.0m，4.3m，6.0mと3枚の異なる高さの床が（裏方の5.9mにもう1枚の床が存在する）整然と並ぶ木造柱に支持されて浮いている構成となっていることがわかる．1階床から中2階，中3階までは折り返しのスロープ，中4階は階段で繋がれている．スロープは下段と上段で若干異なっており，下段は約1/5.5，幅2.5m，商品のショーケースが勾配なりに配置されている．上段は約1/7，幅2.0mで上段の方がやや緩い勾配である．バタフライ屋根の大空間に異なる3枚の床が配された構成は，プランの明快さと対比的に多様な天井高さを生み，他の作品同様，回遊しながら複雑なシークエンスを感じさせる空間である．

背面と側面は開口を絞り，バタフライ屋根の最も高い正面の壁面を全体に木製格子の開口としており，格子越しの柔らかい自然光が列柱とスキップフロアの隙間を回折して柔らかく降り注ぐ空間の中にゆったりとしたスロープが上階を結ぶ，贅沢な商業空間である．

神奈川県立近代美術館（1951年神奈川県鎌倉市）

「鎌倉近代美術館」の名で親しまれる神奈川県立近代美術館は，1951年11月に日本で最初の公立近代美術館として開館した．以来，2016年1月の閉館まで，長きにわたり多くのファンを魅了してきた坂倉の代表作である．

平面図からは坂倉の師であるル・コルビュジエ

図13　神奈川県立近代美術館外観

の無限成長美術館構想を元に簡潔なプランを実現させていることがわかる．2階ロの字型の平面形は一見正方形に近いが26.4×30.4mの長方形である．中庭は12.0×12.0mの正方形で，北側（平家池の反対側）に偏芯して配置されている．師の作品と最も異なる（坂倉の特徴的な）部分は正面から直接2階に至るアプローチである．ル・コルビュジエが坂倉より後年に実現した美術館では来館者はまずピロティからアプローチする．アーメダバード美術館（1957年），国立西洋美術館（1959年），チャンディガール美術館（1968年）はともに中央のボイドに上下階の動線が配置されている．さらに，坂倉は正面階段を中庭の中央ではなく，北側に偏芯し，あえて構造柱を中央に配して象徴的に表現した．この偏芯配置は半外部空間と併せて空間に流動性を与えることに成功しているといえる．鶴岡八幡宮参道の軸線とわずかに5度振れて平家池に張り出した配置計画，そして2階のロの字型平面に対し，主要な上下動線を半外部空間に沿って配置している動線計画，1階中庭の周囲に配した大谷石の壁の裏に巡る通路が南東側のみボリュームで閉ざされていること，随所に完結性を避けた形跡が見られる空間を観覧者は導かれるように巡り，展示作品，そして自然環境の移ろいを楽しむことができる．

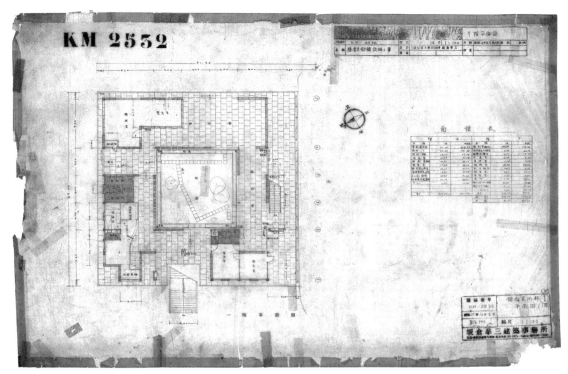

図14-1　神奈川県立近代美術館1階平面図

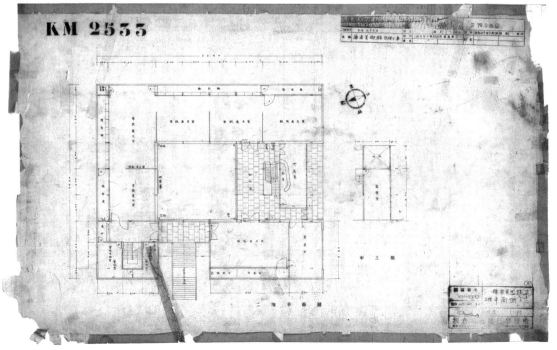

図14-2　神奈川県立近代美術館2階平面図

断面図からはこれまでに取り上げた作品とは異なる印象を受ける．床のレベルは同一であり，スロープは用いられていない．しかし，断面的な空間の緩急は完結性を崩して誘い込むようなシークエンスを伴って形成されている．中庭に向かって下がる屋根勾配に沿った天井高さと上下動線の階段が生み出す空間，池に面したピロティのテラス床面と池面が生み出す空間も同様である．

　構造体をはじめ，すべての要素が軽快で繊細にできており，それゆえに敷地の自然の変化を敏感に映し出す装置となり，環境の一要素として調和を保っている．

羽島市庁舎（1959年岐阜羽島市）

　坂倉準三の故郷でもある竹鼻町にあり，木曾川と長良川が接する三角地帯に1町7カ村を合併して成立した羽島市の中心部に立地する．庁舎の規模（4,600m^2）は近い将来の発展を考慮して決定され，小公民館，市立図書館，消防用の事務室が併設されている．

　新しい市の中心に位置するシビックセンターとして，どの方角からも等しく表裏のないプラン，塔状の望楼と外部スロープは市のシンボルとして彫刻的な印象を持つ．

　平面図からは一つのボリューム（46×18m）に複合的な用途の諸室をまとめ，消防用の望楼と外部スロープをセットにしたボリュームとの間をブリッジで繋ぎ，接合部分に設けた2層分のピロティに対し人工地盤で2階に直接アクセスする明快なプランで構成されていることがわかる．

　断面図からは行政事務部門が1，2階，小図書館を3階，議場と講堂公民館が4階に配置され，主入口は2階に，行政事務部門や議場と分離して講堂公民館や議会傍聴席に直結するスロープ（勾配約1/7，幅1.5m）でアクセスできる構成を持ち，複雑な機能を立体的な造形により来庁者が容易に認

図15　羽島市庁舎南立面図

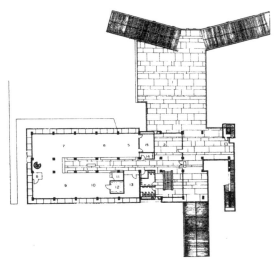

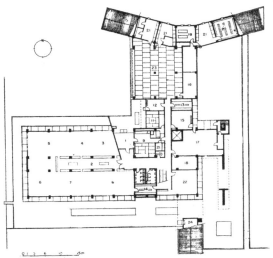

図16　羽島市庁舎1・2階平面図

識できるように視覚化されていることがわかる．大空間となる議場と講堂公民館は最上階に配置され，特徴的なヴォールト屋根により，遠方からも議会の存在を市民に伝えている．

　敷地周辺は昔から度々洪水に見舞われた土地であり，堀のような周囲の池は竣工当時，庁舎を取り巻く蓮田と連続し，周辺の田園風景と結び付いていた．牧歌的な地域の風景との調和と，複合機能を集約した立体都市的な2面性がこの作品を特徴づけている．この作品は坂倉にとって初の日本建築学会賞（1962年）を受賞した建築作品である．

　ここまで，坂倉準三の建築作品の中に都市性を見出す試みを行った．このなかで共通して見られたのは，回遊性を持つ動線と変化に富んだシークエンス，そして半外部空間を自在に駆使して建築の内部と外部を自由に巡る建築的仕掛けである．しかし，坂倉の関心はこうした即物的な仕掛けというよりはむしろ別の視点，人間の心理に寄り添う視点があったのではないだろうか．それを知る手がかりとして，再び1939年6月号の『現代建築』の文章に注目したい．「斜路の一部を外部庭園に置いて来館者に疲労を休める充分の余裕を与えて快く館内数多の出品を見尽し得るようになした」．この文章からは，疲労を休める充分の余裕を与えて快く過ごせる空間を創出することが目的であると読むこともできる．坂倉がル・コルビュジエを理解する言葉として「我が国の建築界に理解されたるが如く「家は住むための機械なり」ではなくコルビュジェの云はんとしたのは「家は住むための機械なり」であった」と記したことも広く知られている．

　坂倉準三は，工学部出身の建築家ではない．東京大学文学部美学美術史学科で学んだ視点は常に「ものよりも人間」側にあり，人間が「住む」ための住環境を豊かにすること，ジャンルを固定する既成概念を取り払い，自由で快い都市＝都市生活を実現することを目指していたとすれば，都市，建築，住宅，展覧会そして家具にいたるまで多岐にわたる作品を，常に同時並行してつくりつづけた作家としての姿勢が理解できるのではないだろうか．

輝く都市《La Ville Radieuse》
坂倉準三の見た1930年代のル・コルビュジエ・アトリエにおける社会実験

山名善之

> もうこれから私は建築の革命のことを話さないであろう．それはすでに完成しているからだ．大建設事業の時代が始まる．ユルバニスムが関心の的になる．
>
> エスプリ・ヌーヴォー叢書
> 『プレシジョン（厳格な精度）——
> 建築とユルバニスムの現状について』

図1　「ヴォワザン計画」

1930年代初頭のル・コルビュジエは「ユルバニスムが関心の的になる」と幾度となく繰り返す．大恐慌とそれによる設計依頼が極端に減ったためも手伝ってか，「300万人のための現代都市」「ヴォワザン計画」（図1）などの1920年代から試行し続けてきたユルバニスム（都市計画）への関心を，彼が新たに抱くようになった社会的関心として高めていた．1930年から1932年の間に20あまり［＊1］のユルバニスムを練りあげるが，大部分は実際に依頼があったものではない．

1929年にアメリカ合衆国で発生した恐慌がフランスへ波及するのは，他の主要国に比較すれば遅く，恐慌の波及は1930年末～31年初頭であった．しかし，1930年にはすでにル・コルビュジエはこの状況を資本主義の失敗と受け止め，さらにその後のフランス議会をめぐる政治機能の低下も手伝って，ル・コルビュジエは地域主義的サンディカリズム（組合主義）のグループに参画していく．『建築へ（建築をめざして）』で語られたようなル・コルビュジエの「建築か革命か」といったテーゼは「サヴォワ邸」の竣工する1931年頃には影を潜め，それに代わって，資本家や国家主導の経済運営ではなく，地域ごとの集産主義的な労働組合の連合により経済を運営するという考えに立脚したユルバニスムにル・コルビュジエは関心を高めていく．

ル・コルビュジエは「（全作品集の）第1巻は，偶然に1929年に発刊された．その年は一連の長い研究の区切りであった．1930年には新しい関心の段階に入りつつあった」と，『ル・コルビュジエ全作品集1929 − 1934（Vol.2）』の巻頭を書き出し，そして，「都市計画は将来に向けて，全く新しい解答を求めて，一社会の，経済の，時に政治的なシステムの建設であって，社会に新しい均衡をもたらすものだ」との表明の後に，「分析のみちをとり，現場を実験室と心得るみちをとり，都市計画を通じて一般現象を知るみちをとって，確信がもたれ，あるべきように整備された新しい社会と日常生活を幸福で満たし得るような姿が（図面に表現されて）誕生しつつあると感じられた」とする．

ル・コルビュジエの1930年代の建築・都市に対する実験的な態度は，全作品集の第1巻に示された「現代都市」のような静的でデカルト的な都市的提

案と比べて，具体的な政治を背景とした実験場を前提に，発展的成長，付加的な細胞構造，気候や地理的形状への適合といった有機的側面が現れる．これは，1930年から始まるフランスを中心とするヨーロッパの地域的政治状況も関係している．

1930年代のル・コルビュジエはユルバニスムに対してより具体的に関心を高め，都市計画という政治的なコミットが避けられなくなる．地域主義的サンディカリズムへの参加，植民地アルジェリアにおける政治的翻弄，これらによって建築家としての思考がより鮮明に社会的なものになり，建築自体がより都市的なものになる．1930年代は具体的に実現した作品数こそ多くはないが，「建築＝都市（ユルバニスム）」といった枠組みでル・コルビュジエの活動を概観してみると，そのダイナミズムと共に，最も創造的で興味深い時期に見えてくる．今回の論考においては坂倉準三による難波，渋谷，新宿における「建築＝都市（ユルバニスム）」を理解するために，彼がパリのル・コルビュジエのアトリエをめざして日本を発った1929年頃から一時帰国する1936年までを中心に，ル・コルビュジエのユルバニスムの仮説設定とそれらの実践のいくつかについて言及してみたい．

坂倉準三のアトリエ入門

横浜港より友人の佐藤敬，富永惣一らに見送られ坂倉準三がパリをめざしたのは，ル・コルビュジエが「一連の長い研究の区切り」とした1929年の8月のことであった．ル・コルビュジエのアトリエでモスクワのセントロ・ソユーズ・プロジェクトを同僚たちとまとめた後，遅めのヴァカンスを過ごしていた前川國男のところに坂倉からル・コルビュジエを紹介してもらいたい旨の一通の電報が届く．前川を通して会ったル・コルビュジエに，建設技術について勉強をするよう勧められパリ建設技術学校（ESTP）に通う．1年半の勉強の終わる頃に，ル・コルビュジエ宛に「親愛なる師匠へ」（1931年6月，パリ）[*2]と始まる書簡を送り，再度，入門を願い出，1931年に晴れてアトリエに入門．1939年3月まで，1936年4月から9月まで実家の要請で一時帰国するが，ル・コルビュジエのアトリエで坂倉は実に7年の歳月を過ごすことになる．

美術史を学んでいた坂倉が建築に惹かれていくのは24歳（1925年）の頃であり，建築史に興味を抱き，丸善書店から『建築史の基礎概念』[*3]で知られるパウル・フランクルの著作などの原著を取り寄せて美術史学徒として研究を行っていた．翌年，卒業予定であったが，病気療養のために卒業を延期するが，この頃，1926－27年に行われた国際連盟設計競技の応募案に魅せられてル・コルビュジエに急速に傾倒し，1927年の卒業まじかには美術史同級の富永惣一へ書簡でパリへ行きル・コルビュジエに師事する決心を語っている．

ゴシック建築に関する研究を卒業論文としてまとめ，東京帝国大学文学部美学美術史学科を卒業するが，その頃，坂倉は渡仏することを視野に，パリのエコール・ボザールの留学から帰国した中村順平が東京日本橋に主宰する建築の私塾である中村塾に通っていた．中村はル・コルビュジエの作品に触れた最初期の日本人のひとりであり，1922年のサロン・ドートンヌに発表されたル・コルビュジエの「300万人のための現代都市」に感銘を受け，ル・コルビュジエらが発刊していた『エスプリ・ヌーヴォー』を購読していた（そのこともあってか帰国後の1924年春のサロンで展示されたボザールの中村の卒業制作に対して，ボザール教育に批判的であったル・コルビュジエでさえも評価したのであった）．関東大震災の復興のため帰国した中村は，『東京の都市計画をいかにすべき乎』（1924）を刊行し，大東京市復興計画案を発表する．この出版の内容の2割はル・コルビュジエが1922年のサロン・ドートンヌに展示した「300万人の現代都市」

の解説，図版となっており，これが日本における
ル・コルビュジエの受容のはじまりだとされている．おそらく，中村との交流を通して坂倉はル・コルビュジエのことを都市計画の視点からも，より深く理解し始めたのかもしれない．

1930年代の政治状況

　坂倉の過ごしたパリの1930年代を，その目まぐるしく変わる政治状況を抜きにしては理解することは難しい．社会構造の変化に伴いユルバニスムに関心を高めたル・コルビュジエも，その新しい社会構造を模索する政治とは無関係にはいられなかった．

　1932年にはフランスでも世界恐慌の影響が深刻となり，フランスは植民地や友好国とフラン通貨圏を築いたが，情勢は安定せず推移する．1932年5月のポール・ドゥメール大統領（急進社会党）暗殺事件に始まる混乱によって，1933年の間には首相が3度変わるなど深刻な政治危機が起きる．ドイツは1932年7月の選挙でナチ党が第一党となり，1933年のヒトラー政権の成立と共にフランスは深刻な安全保障上の危機を迎える．一方，フランス国内では1933年末に起きた疑獄事件スタヴィスキー事件をきっかけに左右両翼の対立が激化する．ドイツでナチスが政権を掌握したのに刺激されて，右翼・ファシストが議会を攻撃する事件（「1934年2月6日の危機」）が起こり，極右やファシストに対する国民的な警戒心が高まる．

　このように国内政局が流動的ななか，ドイツのヒトラー政権成立や国内の極右勢力の活動などにより危機感をもった中道・左翼勢力がまとまる傾向が起きる．ナチス政権に対する危機感から1935年には仏ソ相互援助条約が締結され，翌36年には社会党，急進社会党に共産党が協力して，1936年，社会党のレオン・ブルム首相による「反ファシズム」の人民戦線内閣が成立する．人民戦線内閣は大規模な公共事業を展開し，労働者の待遇改善を進めることを試みるが，1936年7月に発生したスペイン内戦への対応をめぐって内部分裂が起きる．不干渉を主張する急進社会党と，積極的な人民戦線政府支援を求めるフランス共産党の関係は悪化し，1937年6月にブルム内閣は総辞職し，フランスの人民戦線は崩壊してしまうのである．

　このフランスの混乱の時期にあたる1931年から1939年3月まで，坂倉は1936年4月から9月まで実家の要請で一時帰国するが，実に7年の歳月をル・コルビュジエ・アトリエの仲間たちと『輝く都市』(1930)を下敷きとしながら，様々な都市を実験場に「建築＝都市（ユルバニスム）」の探求を続ける．

ポルト・マイヨの整備計画

　1930年に行われたパリの西の玄関にあたるポルト・マイヨの整備計画の指名（10名）[*4] 設計競技（concours Rosenthal）に，R・マレ＝ステヴァンス，アンリ・ソヴァージュ，オーギュスト・ペレらフランスの新しい潮流である近代建築運動に参画していた建築家と並んでル・コルビュジエも参加する．設計競技の主催者であるL・ローゼンタール氏の要望[*5]は「ひとつの自動車用の中心をつくり二つの大通りの結節点をつくり，パリの西の出口を整備する」ことであった．ル・コルビュジエによる検討の準備は1929年から行われ，L・ローゼンタール氏との書簡（1929年7月12日）[*6]のやりとりのなかで，モスクワ出張の間に読んだ彼の著作[*7]で語られるユルバニスムの明快なヴィジョンに共感を示す．設計競技は1930年4月2日締切で行われ，図面と共にA4・4枚にわたる説明[*8]が提案される．

　パリ市が許可を出さなかったこともあり（パリ市の主催で1年後に〈勝利の門〉〈勝利の大通り〉記念碑性といったものをテーマに別の設計競技を行った），大恐

図2 ポルト・マイヨの整備計画

慌の影響によるローゼンタール氏の投資開発会社の倒産もあり，この計画は実現には至らなかった．

ル・コルビュジエはこのプロジェクトについて，「交通の区分けが，地盤面より上にプラットフォームの建設を可能にしたので，そこが本当の広場となる．それにすぐ傍らに店舗の入った2本の摩天楼が聳え，プラットフォームの上には，色々な娯楽施設としてレストラン，コンサート場等，完全に歩行者のために提供された場は，全く自動車に妨害されない．記念碑は荘重に，切り離されて建ち，これまた賢い教訓として役立つだろう」と全作品集で説明する．

このプロジェクトの注目に値するところはル・コルビュジエが依頼を受けて，投資開発として実際の敷地のコンテクストをベースに初めてユルバニスムを計画したことである．「緑の都市」への入口とされ，パリの重要な地点における交通の合理的処理が立体的な層構成によって為され，流動性に対しても駐車等に対しても完全な分類が為されており，交通に対して詳細に取り組んだ人工地盤を用いた具体的な提案が為された．

『輝く都市』《La Ville Radieuse》

「ポルト・マイヨの整備計画」の進行中の1930年に，プロジェクトでのやりとりが続いていたモスクワ当局からソビエト首都改造に関する30項目の質

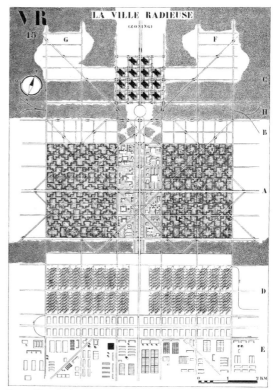

図3 輝く都市

問状が届く．そのころソビエトで展開されていた議論は，都市は中央集権化するべきであるとするグループと，非都市化を主張するものとが大きくあった．ル・コルビュジエはむしろ1920年代のユルバニスムの理論から前者を主張していたが，ソビエトの指導者たちは，むしろ同時に1920年代のソビエトの都市計画家であるミリューティン[*9]によって共産主義の理論に置き換えられた「線形都市」に興味をもち始めていた[*10]．

「線形都市」は19世紀末のアルトゥーロ・ソリア・イ・マタ[*11]によって提案されたマドリードの街を環状に囲む「線形都市」が最初のものであるとされているが，これは路面電車のある線路に沿って建設される幅500mの線状の都市によって形成され，都心部への人口集中の防止策とされたものである．ミリューティンによる「線形都市」

とは道路と線路が併行して走る連続した帯状都市であり、住居、工場、ターミナルがその長さ全体に繋がるものであった。

ソビエトへの回答書（1930年6月）はテキスト68頁[*12]による164項目に及ぶものであったが、ル・コルビュジエはこのやりとりを通して「輝く都市《Ville radieuse》」の、人が自由に移動したり、遠距離を通勤したり、ひとつのところに留まらないという「緑の都市」に関するアイディアをまとめていった。この頃、「300万人のための現代都市」「ヴォワザン計画」などの1920年代からのユルバニスムが、都市の拡張に対する配慮に欠けていたことにル・コルビュジエは気づくのである。

ル・コルビュジエが母親に宛てた1930年10月29日付の手紙のなかに、放射（に拡がる）状の都市という意味の「輝く都市《Ville radieuse》」という言葉が見られる。この「輝く都市《Ville radieuse》」プロジェクトをル・コルビュジエが発表するのは1930年11月27-29日かけて開かれた第3回CIAM（ブリュッセル）である。描かれた「輝く都市《Ville radieuse》」には、「現代都市」で展開された広い空地をとった摩天楼からなる業務地区はそのまま残っていたが、それが都市の北端に移され、その南側には鉄道のターミナルがあって、屋上は飛行場になっている。工業、倉庫、重工業施設が立ち並ぶ工業地帯は都市部の南端を横切るように拡がり、その間に住居地区のスーパー・ブロックが、商業・公共施設から形成される中心軸の両側に配される。この計画によって、1920年代のユルバニスムと違った、中心軸の両側の東西両方向に拡張性が期待できるものとなったのである。「輝く都市」（図3）で追求されたのは、限りなく拡がる水平性である。それぞれの活動が展開され無限の拡張性をもつ平面を基本に、地下に展開する「交通網（サーキュレーション）層」[*13]から屋上庭園が展開する最上階まで、様々な活動が重層する。さらに、この「人工地盤」にも「自由な平面（プラン・リーブル）」が求められる。重要なのは、それぞれの活動を反映する〈平面（プラン）〉が互いを束縛しないことである。都市インフラ、街路網、建造物……が、それぞれが固有の合理性によって成立し、お互いを束縛せず独立して存在する。これらの層を人間が行き来することによって、都市は存在する。ル・コルビュジエが否定した19世紀までの都市構造のもつモニュメンタルな中心をもつこともなければ、都市のリミットを示す城壁も、もはや存在せず、「輝く都市」は複数の活動の可能性を担保する〈平面〉による観念上の無限の拡張性を得たのである。

フランス都市計画協会と北アフリカ

1899年にローマ賞を受賞しローマのフランス・アカデミーのあるヴィラ・メディチに滞在していた建築家トニー・ガルニエ（1869-1948）は、パリのエコール・デ・ボザールが求めていた課題を行わず、故郷であるリヨンをベースとしたであろう「工業都市」の構想を練る。この構想は1901年から4年にかけてボザールにローマ滞在における課題として送付され、パリで発表され騒動となる。20世紀初頭には、このエピソードに代表されるように、フランスのボザール周辺においても工業化社会に対応した都市に取り組むユルバニスムが課題とされ意識され始めていたことがわかる。

フランスの初期の都市計画学の中心のひとりであったアルフレッド・アガッシュ（1875-1959）はブラジルの諸都市における都市環境に配慮した都市化モデルの提案者として知られるが、彼はエコール・デ・ボザールで勉強した後に、コレージュ・リーブル・デ・シアンス・ソーシアルのエミール・デュルケームのもとで社会学を修めアメリカに渡り、帰国後の1911年に北フランスのダンケルクの都市計画開発業務に携わり旧市街地と工業化された周辺都市との調整統合的な計画を推進してい

図4 アンリ・プロストらによるパリの近郊都市整備計画

る．アガッシュは1894年に設立されフランスの都市計画の理論的形成を図り，フランスにエベネザー・ハワードの田園都市構想を紹介するなどしたミュゼ・ソーシアルの会員に1902年になり，1911年に建築家のアンリ・プロスト，エルネスト・エブラール，M・アーバートン，A・ブラッド，ウジェーヌ・エナール，レオン・ジョセリー，A・パレンティや，ランドスケープ・アーキテクトのジャン＝クロード・ニコラ・フォレスティエ，環境デザイナーのエドアール・レドントらとともに都市計画協会（Société Française des Urbanistes）を共同設立している．彼は1913年には社会学系私立学校に都市コースを設立し，都市研究のため，上記の都市計画に従事していた都市計画実務者らとともに1923年にフランス都市計画学会を共同設立している．1916年にはルネサンス・デ・シテが第一次世界大戦後のフランスの戦争被災地の復興を支援するために都市計画協会のメンバーであったジョージ・リスレイ，ラウル・ドウトリーらによって設立されるが，そこにはル・コルビュジエもその技術部会の創設メンバーとしてその活動に深く関わり，ル・コルビュジエのユルバニスムの考えの根底が定まっていったとされる．特にこの時にル・コルビュジエと出会ったラウル・ドウトリーはフランスの鉄道官僚として重要な人物であり，第二次世界大戦の復興省の大臣としてル・コルビュジエに復興計画を託していった人物でもある．

アガッシュの周りに集まり都市計画協会，フランス都市計画学会を設立していったフランスにおける最初期のユルバニストたちは政府やパリ市の技術官僚であったり，ボザール出身のローマ賞建築家であったり，所謂，フランスの中枢を司るエリートたちであった．このメンバーのなかには植民地において活躍したユルバニストたちも多くいた．フランス領インドシナで活躍した1904年ローマ賞受賞者のエルネスト・エブラール，そして，フランス領の北アフリカにおいて多くの都市計画を策定し活躍した1902年のローマ賞受賞者のアンリ・プロストなどがいる．1912年のフェス条約で国土の大部分がフランスの保護領となったモロッコの首都のラバトの首都計画構想を，初代総督となったユベール・リヨテのもとで，アンリ・プロストは1914年から1922年にかけて行った．このほかラバト，マラケシュ，メクネスなど諸都市の都市改良計画立案を，そして1917年から1922年にかけてはカサブランカ都市計画も行っている．これらは旧市街には手をつけず周りを開発する，つまり，分離＝保存策によって膨張する都市の開発整備を行うというものである．

プロストはモロッコにおける都市計画作業の後，ピエール・ルモウリ，ジャン・ロイエと共に人口増加と産業構造の変化によって膨張するパリの近郊都市整備計画（図4）を1928年から1935年にかけて策定する．このパリ近郊都市整備計画は，1920年代に文化財保護に関する法律が強化され，多くのパリ市内の文化財が指定され，さらに1930年から文化財の周辺環境の保護も強化されていったこ

とも反映している．つまり，都市膨張が続くパリの街において文化財の観点からの保護政策が強まったことを背景に，パリ市内を文化財として保護する一方，パリ市内に代わって郊外を開発再整備していこうというものである．この課題に応えるものとして，プロストがモロッコで展開していた手法が採用されたのである．このような背景を理解したうえで，ル・コルビュジエが1925年の国際装飾博覧会（アール・デコ博）のエスプリ・ヌーヴォー館において，文化財保護政策が強まるパリの中心街を大改造するヴォワザン計画を見ると興味深い．

そして，ル・コルビュジエがアルジェに関わった同時期に，プロストはアルジェ市の依頼によって「アルジェ拡張計画」[*14]を担当することになる．最初の段階は，実施計画ではなく都市計画のスキームを提案するもので1930年から1936年にかけて計画が練られた．そして1937年以降，アルジェの郊外地区にあたるメゾン・ブランシュ，ビルカデム，ウルドゥ・ファイエ，ゼラルダの整備計画が練られ，政治体制が変わっても継続されこの計画策定は1948年まで続いた．

アルジェ

坂倉が滞在した1930年代にル・コルビュジエが最も継続的に関わり続けた都市にアルジェがある．ル・コルビュジエは1931年3月に「アルジェの友」招待による植民地百周年を記念する企画としての講演を行うため初めて地中海を渡ってアルジェを訪れ，1931年から1942年にかけて多くのアルジェリアのユルバニスム，建築の提案を行ったがそのどれもが実現には至らなかった．

北アフリカ大陸に位置する現在のアルジェリアの首都アルジェは，紀元前1200年頃にはフェニキアがこの地に植民して交易所を置き，650年にアラブ人に駆逐される前は東ローマ帝国がここを支配していた．この町の支配権はヨーロッパ，アラブ，ベルベル人たちが代わるがわる握っていった．1830年にフランスはアルジェに上陸し，アルジェリア全体を占領していった．フランス支配は1962年の独立まで続き，フランスはアフリカに展開する植民行政の根拠地としてアルジェの都市づくりを行い，海岸部にはフランス風の近代都市が建設されたのである．

ル・コルビュジエが初めて訪れた1930年代初頭のアルジェは25万人の人口のうち3分の2はヨーロッパ系で残りのほとんどがイスラム教徒，ベルベル人であった．北アフリカで当時，植民地支配を展開していたフランスのアフリカ大陸への玄関口であり，独立の1962年まで，アルジェはまさにアフリカ大陸における行政上の拠点でもあった．そればかりでなく，商業取引の中心としてヨーロッパ本土の都市と引けを足らないほどの大都市であったが，実際のアルジェの街は，現地のイスラム系を主とした住民からなるカスバ地区と言われる旧市街と，ル・コルビュジエが「街路＝廊下」と皮肉った折衷様式の建築ファサードに挟まれた大通りからなる新市街に分断されていた．

アルジェでは当時，ローマ賞建築家のアンリ・プロストが初代保護領総監となったユベール・リヨテの意向を受け，現地の人々が住む場所を旧市街地（カスバ地区）に限定し，ヨーロッパからの入植者が住む新たな地区をボザール流のデザインで構想していた．それは，メディナ（カスバ地区）の歴史性を保護するとともに，衛生状態の悪いカスバ地区がヨーロッパ人地区に影響を与えないように構想されたものであった．

1931年3月23日付の新聞[*15]に，ル・コルビュジエの講演会の内容が紹介される．「輝く都市（La Ville Radieuse）」と題された2回の講演は満員盛況で，アルジェの人々を魅了し，人々に大きな衝撃を与えた．「輝く都市」によるユルバニスムの実現を人々に納得させるために，ル・コルビュジエは三つ揃いに蝶ネクタイまで着込み演説を行っ

図5 「オビュ計画・計画案A」

図6 「アルジェ計画案B」

たようだ．その聴衆のひとりに建築家プロストにすでに「アルジェ拡張計画」を依頼していた進歩主義者であるシャルル・ブリュネル市長がいた．ル・コルビュジエは講演後，市長に対し具体的な提案をつくることを約束する．

そして，ル・コルビュジエは1932年6月に市長をパリのアトリエに招待し計画案をみせるが，その案に対し市長は冷淡な態度を示す．その年の12月にル・コルビュジエは市に対して正式に提案を行う．この計画案に対して広く理解を得るために建築と都市計画に関する展覧会を，「アルジェの友」によって進められ翌年の2月に開催されることになった．この計画は，当時のアルジェの悲劇的とも言える行き詰まりを打開して必要な拡大の道を見つけ出すように，官僚的因習を打ち壊して，実態から求められる新しい寸法を都市計画に導入することを意図して「オビュ（砲弾）計画・計画案A」（図5）と名づけられた．

坂倉はこの提案のなかの重要な図面である1932年3月21日に作成された「全体配置図（2873／FLC14116，14117）」とその五万分の一の図面「2874／FLC14114」を担当する．配置図には計画案の主要要素である，ラ・マリオン地区の商業中心街 (A) 18万人の住民のための海岸沿いの大高架橋型集合住宅，(B) 22万人が居住可能なフォール・ランプルールの雁木型集合住宅，(C) フォール・ランプルールと商業地区を連結する高架高速道路が描かれている．

「輝く都市」において主張した，変化あるいは適応性の概念をアルジェのプロジェクトにおいてもル・コルビュジエは展開する．同心円放射状に展開するユルバニスムを否定し，都市の有機的で生物学的な発展を可能にする「線形都市」を提案する．この「輝く都市」の原理をアルジェという文化的，景観的なコンテクストに適応させたもので，細胞というモデュールを基礎とした有機的成長という理念を含むものであった．標高100mの高架高速道路は海岸沿いの地形に沿っており，この高架高速道路を支える鉄筋コンクリートの構造は，地盤面との差により90mから60mと変化しているが，その間に18万人の住戸を配置することになっている．この海岸沿いの「線状」の高架橋の潜在的拡張と隣接する施設によって成長が目論まれる．ル・コルビュジエの意図はそれだけではない．北アフリカで組合運動を展開していた人々やアンドレ・ジッドやアルベール・カミュといったヨーロッパ系知識人によって推し進められた地中海性運動を反映した形で，このプロジェクトは計画されていたのである．それは，地中海は統一された民族の存在があり，肉体的「生」に比べて論理や抽象性はまさるものではないといった「大地の調和」という彼らの理念を踏襲したものであった．歴史的，文化的側面と同様に地理的な面からも例外なヨーロッパ社会とアラブ社会との結節と

図7 「ウエド・ウシャイア地区集合住宅計画」

しての「地中海性」というものが重視されたのである．プロジェクトにおける海外線に沿った高架高速道路住居と海と丘を結ぶ軸線の結節点にある商業中心街となるラ・マリン地区に位置する21階建ての建築はヨーロッパ人地区とカスバ周辺のアラブ人地区がまじりあう場所として位置づけられている．このようにして，「大地の調和」をめざした，高速道路，自動車の昇降装置，衛生的住居などの先進技術の実験の場として，植民都市を超えた地中海都市にアルジェはなったのである．

しかし，提案したプロジェクトは，なかなか理解を得られず，ル・コルビュジエは市長に対して下記のような手紙を送る．

「世界的な経済混乱において，支離滅裂な状態にある恣意的で有害な様々な集合がまかり通っています．新しい集合，再編，新しい規模が導入され，より恣意的でなく危険でない組成を世界に付与しなければなりません．緊急の再編のひとつは，地中海が絆を形成することになるものです．様々な人種，様々な言語，そして千年に及ぶ一つの文化，真に一つの実体なのです．……アルジェは植民地化の都市であることをやめ，アフリカの長にならなければなりません．……」[＊16]．

しかし，この時点においてアルジェ市長のブリュネルはすでにモーリス・ロティヴァルとアンリ・プロストをアルジェ地域圏計画の正式な任命者としてユルバニスムのプロジェクトを続けていたのである．

アルジェの仕事は，正式な依頼がないにも係らず，ル・コルビュジエはこの後も継続的に行う．壮大な計画に恐れをなしていた市長とその周辺の官僚たちに気遣って，先ずル・コルビュジエは海岸沿いに延びる大高架橋を取り除いた控えめな「計画案B」（図6）を準備し，1933年末に市に「公式」に提出される．しかし，壮大な大高架橋は取り除かれたものの，商業中心街に36階建ての高層ビルを計画するこの高層ビル計画は，高さと規模について，行政からも，財界からも非難されることになった．しかし，さらに，ル・コルビュジエは計画を継続し1934年春には中心街のラ・マリン地区に限定された「計画案C」を，その後「計画案D」，そして1939年3月にはブリーズ・ソレイユのファサードによる摩天楼プロジェクトをまとめる．

「計画案B」と併行してアルジェ郊外の「ウエド・ウシャイア地区」に実業家デュラン氏の依頼によるホテル，共用施設，レストランなどを伴った階段状断面の集合住宅の設計をル・コルビュジエは行っていた（図7）．デュランはアルジェから20分のところに108ヘクタールほどの土地を所有していた．中央に農場があり，自然環境に恵まれた土地はアルジェの近郊としては当時すでに珍しいものとなっていた．住戸平面はアルジェ計画における高架橋住居を発展させたものとなっており，ピロティの上に立つ階段型の断面をもつ住棟は住棟

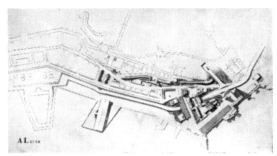

図8 「オビュ計画・計画案C 摩天楼周り交通計画図」

に影をつくりだし，居住性を高めている．住棟の配置は自然の地形に対する配慮と景観，そしてアルジェからの幹線道路との関係によって注意深く設計されている．ピロティ下は自動車によってアクセスが容易なように道路と一体としてデザインされ，駐車場も断面に詳細に描かれている．坂倉はこのプロジェクトにも参加し，全体イメージを伝える1932年10月11日から14日頃に作成されたとする彩色の施された「全体遠景パース（3001/FLC13952）」などを作成している．

摩天楼プロジェクトに集約していく一連のアルジェ計画においてル・コルビュジエは，住居とオフィス，商業施設の配置とそれらを結ぶ都市交通の関係に着目して設計が進められていたことがわかる．自動車といった交通手段によって成り立つ建築のあり方がいかに新しいものになり得るかというものに彼は関心を払っていた．高速道路が屋上に走る線状住居の提案から始まり，最終的には交通の結節点であり商業地区でもあるラ・マリン地区に摩天楼を計画する．最終的にまとめた摩天楼プロジェクトは，ブリーズ・ソレイユをファサードにもつ高層ビルに目が奪われるが，その足もと周り，つまり，交通網をどのように建築と関係づけるかという点が丁寧に設計されていることにも目を向ける必要があるのである（図8）．

『輝く都市』（1935）の出版（図9）

アルジェ「計画案B」，「ウエド・ウシャイア地区」プロジェクトの提案の直後，ル・コルビュジエのアトリエにおいては，30か国から450組が参加した1933年3月末締切の「ストックホルム南部地区ノッルマルム地区の都市計画コンペ」（図6）に取り掛かる．同じ海辺に展開されるということもあり，水際の考えなどにアルジェの計画との共通性も見られる．この計画のなかで坂倉は1932年12月29日から1933年3月25日に作成されたであろう「輪郭／全体の遠景立面図3面（3071／FLC13297）」を担当している．街を海に関連づけることが重視され，公園や緑地は水際まで達している．水際に道路が走り，海岸線にはいくつかのマリン・スポーツの施設が配される．自動車交通網と関連づけられた建築のあり方の提案と広場や歩行者空間などを高速道路や重量車両からいかに守るかということも検討されている．また，中心に据えられた既存の終着駅型の鉄道駅が否定され，街の周縁部に通過型の駅が提案されている．この計画案においても，輝く都市の理論の実践として，交通を建築に関連づけながら地形と自然景観を都市と一体化させることが試みられている（図10）．

これらアルジェリアでの一連の都市計画，ストックホルムの都市計画のほか，パリ，ジュネーブ，リオ・デ・ジャネイロ，サン・パウロ，モンテヴィデオ，ブエノス・アイレス，モスクワ，アントワープ，バルセロナ，ネムール，ピアッセのユルバニスム（都市計画）を詳説する著作（作品集）ラルシテクチュール・ドージュルドゥイ版『輝く都市《La Ville Radieuse》』（仏語，ル・コルビュジエ全作品集とほぼ同形）として1935年に出版される．この出版は芸術的表現と知識の綜合を主題とし，人間，技術の進歩，文明を扱い1930－1932年に出版された雑誌『プラン』，また，その大半の読者を引き継ぎ統合された地域主義・労働組合

図9 ラルシテクチュール・ドージュルドゥイ版『輝く都市《La Ville Radieuse》』

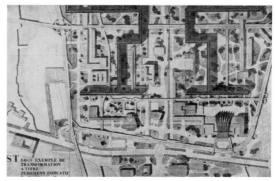

図10 「ストックホルム南部地区ノッルマルム地区の都市計画」

主義活動委員会の機関誌『プレリュード』(1932－1936年) に掲載された一連の論考がまとめられたものである．因みに坂倉準三訳による『輝く都市』は「*Manière de penser l'urbanisme/Editions de l'Architecture d'aujourd'hui, 1946*」の訳で，タイトルを直訳すると「都市計画について考える方法」とでもなろうか．前者の『輝く都市《La Ville Radieuse》』は，「輝く都市」といった仮説に基づき1930年代前半に実践したユルバニスム計画案の紹介，そして，後者のほうは，その後のパリなどの一連の都市計画案を経て，理論化されたものに基づく実践の方法を示したものと言えよう．

ラルシテクチュール・ドージュルドゥイ版『輝く都市《La Ville Radieuse》』は，8章立ての346頁に及ぶ大著で，1章の最初に宣言文があり，次のことが箇条書きされ，これらに沿って仮説が説明される．

・ル・プラン：独裁執政官
・街路の死
・単純速度と20倍速の整理
・マシニスト文明の急務の余暇を受け容れるための占有配置，そして余暇はモダン時代を凌駕することになるであろう．
・領土の，都市の地面の動産化
・公共サービスの延長と見做された住居
・緑の都市
・鉄道文明よりも優位の道路文明
・農村地帯の整備
・輝く都市
・輝く農村
・予算の欠乏
・本質的な歓び：つまり，共同体としての参画と個人の自由による心理的生理学的要求による充足
・人体ルネサンス

坂倉がル・コルビュジエのアトリエにおいて働き始め4年目に出版されたこの著作作品集は彼に多くの影響を及ぼしたことであろう．特に第4章で95頁を割いて紹介した「輝く都市」の仮説においては，交通の課題，提案が行われており，建築を成立させる都市における交通の課題が整理されている．そのうえで，都市における日照の課題も整理されており，衛生的な住環境を中心に据えた都市のあり方が提案されている．章内には「空中戦闘」と題された図面頁があり，中世以来の街並みを一度，空襲によって破壊し，新たな都市につくり替えたほうが良いのではないかと綴る過激な

箇所もある．

また6章で展開される，具体的な敷地や近代化，工業化された都市の具体的な敷地を前に考案されたユルバニスムは，坂倉に多くの示唆を与えるものであったであろう．そのなかでもアルジェにおける計画案A，B，Cは前述したサーキュレーションの提案と共に，交通との新たな関係による建築が提示され，多くのイメージを坂倉に与えたであろう．

パリの1937年

坂倉は実家の要請により1936年4月に一時帰国するが，9月には1937年のパリ国際博覧会の前田健二郎設計による日本館の建設を補助，実施する理由によって，再び渡仏する．しかし坂倉は当時，インタビューに答えて「構造も様式も一新されることになるでしょう．（中略）フランスの材料で日本的な効果の出るようにしたいと思っている」として，ル・コルビュジエのアトリエ（設計事務所）の一角を借りて設計をしなおし，完全に坂倉準三設計の日本館に仕立て上げてしまった．これはコンクールで博覧会建築としてグランプリを受賞し，坂倉を一躍，国際的建築家への地位に押し上げてしまったことは有名な話である．

この1937年の国際博覧会，正式にはExposition internationale des « Arts et des Techniques appliqués à la Vie moderne »／国際博覧会「モダン生活に適応するアートとテクニック」の展覧会の準備はル・コルビュジエの事務所では，坂倉が働き出して間もない1932年に行われた博覧会場の構想競技設計提案から始まっていた．ル・コルビュジエはこの時点で「すまいの国際博覧会」というタイトルを，そして敷地としてパリの東のヴァンセンヌの森のなかに提案していた．つまり，1937年の博覧会準備は坂倉がル・コルビュジエのアトリエに在籍していた期間をかけて為されてきたのである．この博覧会は1934年のフランス政府の法案決定により正式にスタートしたが，翌年3月にはドイツの再軍備宣言がされ，7月から8月にかけての第7回コミンテルン世界大会においてブルガリア共産党の指導者ゲオルギ・ディミトロフの宣言によって，反ファシズム，反帝国主義，反戦主義を共同目標とする人民戦線が拡り，フランス国内も翌年1936年には6月にはフランス人民戦線内閣が成立する．このフランス国内の左翼化のなかで，1937年の国際博覧会の準備が進められる．

国際恐慌のなかでパリの住宅問題はさらに深刻さを増していた当時，ル・コルビュジエはここに「輝く都市」をモデルとした住宅を建設，展示し，その後，使用し続けることを目論んでいた．この案は1932年のCIAMの機関誌に発表され，さらに1934年4月にCIAMの名において1937年国際博覧会の住居部門を担当するように提案された．この敷地における案は採用されることはなかったが，パリ南部の城壁跡ケレルマン堡塁の敷地が提案され，計画が進められたが，ここもパリ市からの許可が一部しか出ず，計画を断念することとなった．1935年11月に補助金とケレルマン堡塁近くのポルト・ディタリーの敷地が新たにCIAMに提案され計画案Cとしての展示施設の計画が始まる．これは無限成長美術館とプロトタイプ化されていくものをベースとしたもので，標準化，工業化された部材を用いて建設することがめざされた．人民戦線に政権が変わると，「現代美術センター」は「人民教育美術館」という名称に変わり，社会問題，経済，そして建築とユルバニスムを展示する施設が求められるようになった．予算の問題があり計画の続行が難しくなったが，ル・コルビュジエは共産党が推進し1936年に設立された「文化の家」の館長を務めていた共産党員でダダイズム文学，シュルレアリスム文学を開拓したルイ・アラゴンや，アラゴンと一緒に文化防衛のための国際作家同盟を設立したアンドレ・マルローなどに支援を

求め，最終的にパリ北西部のポルト・マイヨ近くの敷地において計画を進めることになった．

予算は大幅に縮小されることになったが，展示は『輝く都市』での考え方，「機能的都市」を議題とした1933年のCIAMでまとめた『アテネ憲章』を内容とすることで準備が進められ15のテーマに分けて展示が計画された．つまり，住む，楽しむ，働く，移動するといったユルバニスムの4つの機能や，農村地帯の再整備，不衛生地区の再整備などを含むパリの一連の計画などを含む1932年以来のCIAMの活動などを展示することとなった．ル・コルビュジエによって計画されたこのパヴィリオンは『新時代館』という名称になり「人民教育のための移動展示館」と副題が付された．これは各都市に巡回するように構想され，これに対応するように組立解体が可能な鉄骨メンブレン構造のパヴィリオンとなった．展示の内容は『大砲，弾薬？　もう結構，住居をください』と題された出版物にまとめられた．

1937年の国際博覧会は各パヴィリオンの建設に対し，工業化材料，乾式工法等の採用を求めていた．ル・コルビュジエは当初，「新時代館」にも外壁に石綿セメントパネルの使用を考えて検討をしていたが，重量的な問題もあり，黄色いメンブレンを最終的に採用することになった．1936年7月にはスペインで内戦が勃発，ヒトラーのナチス・ドイツ，ムッソリーニのイタリア王国，サラザールのエスタード・ノーヴォ・ポルトガルから支援を受けるフランコ側は，スターリンのソビエト連邦とカルデナス政権のメキシコが支援する左派の人民戦線側を圧倒していく．この状況を嘆いたピカソは有名な『ゲルニカ』を描き，これが坂倉の同僚であったホセ・ルイ・セルト設計によるスペイン第二共和政政府によるスペイン館に展示される．

第二次世界大戦への様相が増してくるなかで，パリ国際博覧会は1937年5月にオープンする．翌

図11　『大砲，弾薬？　もう結構，住居をください』表紙

6月にブルム内閣は総辞職し，フランスの人民戦線は崩壊してしまう．翌7月に盧溝橋事件が起こり極東においても日中戦争が全面化する．そしてこの国際博覧会が第二次世界大戦前に開かれた最後の万博となる．

この博覧会は11月に終了するが，その後，1930年前後に理想を夢見てパリに集まった人々はそれぞれの場所に戻らざるを得なかった．

戦争が終わった後に，焦土を前に，彼らはそこに何を夢見たのであろうか．

注

*1 Jacques Lucan 監修, *Le Corbusier, une encyclopédie*, Centre Georges Pompidou, Paris, 1987; Mary Carolin McLead, "Urbanism and Utopia, Le Corbusier from regional syndicalism to Vichy," PhD Thesis Princeton University, June 1985.

*2 FLC R2-65, 当時の坂倉の住所はパリ18区のCaulaincourt 93番地と記されている.

*3 *Die Entwicklungsphasen der neueren Baukunst*, Leipzig und Berlin, 1914 (See English translation, *The Principles of Architectural History: The Four Phases of Architectural Style, 1420–1900*, Cambridge, MA, and London, 1968, 1973); *Die frühmittelalterliche und romanische Baukunst*, Potsdam, 1926.

*4 FLC R3-1-315.

*5 Léonard Rosenthal (1875 - 1955). コーカサス系ユダヤ人で20世紀初頭に真珠で財産を築き1920年代からシャンゼリゼの投資開発等を行っていた.

*6 FLC R3-1-313.

*7 *Quand le bâtiment va*, Éditions Payot, 1928.

*8 FLC R3-1-315.

*9 Nikolay Alexandrovich Milyutin, (1889-1942). ロシアの政治家, 都市計画家, 都市計画理論家. 1924年からロシア共和国のソビエト人民委員として財政, 教育などを担当. 1929年から1931年までTsentrosoyuz社会主義都市計画の政府コミッション副会長, 1933年まで委員長を務める. 1928年から, スターリングラード（現ヴォルゴグラード）工場都市計画作成に関与. 1929年から実施の5カ年計画に基づき各地の新都市都市計画コンペティションの審査委員を務め, マグニドゴロスクの設計競技では結果どの提示案も案件要求を満たしていないと判断, 自らで案を作成する. 著書『ソツゴロド』(Sotsgorod, 社会主義都市の計画, 1930年初版) はヨーロッパ諸国で翻訳され, 当時多くの建築家や都市計画家, 都市研究者らに影響を与えた.

*10 J-L.Cohen, *Le Corbusier and the Mystique of the USSR, Theories and Projects for Moscow, 1928-1936*, Princeton: Princeton University Press, 1992.

*11 Arturo Soria y Mata（1844–1920）. スペインの都市理論家, 都市計画家, 発明家. ものの輸送や公共事業における伝播性に主たる基礎を置くプランニングの方法を展開した近代で最初の人物. 交通の発達により都市が線的に形成されていく線状都市理論(Ciudad Lineal)を提唱.

*12 FLC B2-5-586 〜653.

*13 Lits de circulation.

*14 Plan d'aménagement, d'embellissement et d'extension de la ville d'Alger (PAEE).1930年4月4日アルジェ市議会決定.

*15 FLC X1-11-107 新聞記事「la Depeche Algerienne」23/03/1931.

*16 Le Corbusier, *La Ville Radieuse*, 1935, p. 248, 邦訳は加藤邦夫監訳『ル・コルビュジエ事典』(中央公論美術出版, 2007年) による.

資料編

1　新宿駅西口広場及び地下駐車場・小田急ビル建設経緯年譜（竣工から現在までを含む）

1948(S23)年	戦災復興土地区画整理事業　建設省告示第261号において「新宿駅西口広場」の名称，位置，面積が確定（12月）
1951(S26)年	小田急電鉄　東京都へ西口広場下に地下駐車場及び　地下道申請
1958(S33)年	首都圏整備委員会は新宿，渋谷，池袋を副都心として再開発決定
1959(S34)年	東京都首都整備局は新宿駅西口広場，地下駐車場の基本計画着手
	小田急電鉄は臨時建設部を設置し，南口の小田急線路脇に新宿西口総合建設事務所を開設．施主，設計（坂倉），施工（竹中）の3者がここで小田急ビル，西口広場，地下駐車場の企画設計および東京都の西口広場，地下駐車場の基本設計案，密閉式換気塔案の検討が進む（8月）
	国鉄，小田急電鉄，京王電鉄3者の新宿駅改良に関する覚書締結（10月）
1960(S35)年	新宿駅改良工事着工（3月）
	東京都都市計画地方審議会は東京都立案の淀橋浄水場跡地を含み，新宿駅西口広場を要とする96haの土地の再開発計画を新宿副都心計画として決定（6月）
	東京都は淀橋浄水場跡地，幹線道路，新宿駅西口広場を含む56haの区域について都市計画事業決定（6月）
	財団法人新宿副都心建設公社設立（6月）
	東京都は新宿副都心建設公社へ西口広場造成の実施特許（6月）
1961(S36)年	小田急，坂倉準三建築研究所は東京都へ西口広場の中央穴開き案を提案
	坂倉準三建築研究所，小田急ビルの設計受託（5月）
	国鉄，小田急電鉄，京王電鉄，首都高速交通営団は「新宿西口駅本屋ビル建設に関する4者協定書」締結（6月）
1962(S37)年	小田急ビル南側，地下2階〜1階の駅施設部分工事着工（6月）
	東京都は西口広場都市計画事業（立体広場，地下2階駐車場，地下店舗）を決定（6月）
	小田急電鉄の地下駐車場及び地下店舗事業の特許申請（6月）
	小田急百貨店開店（1967年小田急ハルク）（11月）
1963(S38)年	西口広場及び地下道建設に関する臨時技術委員会設置（1月）
	小田急電鉄の地下駐車場及び地下店舗事業の特許認可（2月）
	臨時技術委員会内に換気分科会設置（2月）
	京王帝都電鉄新宿地下駅完成，営業開始（4月）
	小田急ビル（地下3階〜8階）建築確認申請認可（12月）
1964(S39)年	中央穴開き案，東京都都市計画地方審議会で承認（2月）
	新宿駅西口広場及び地下駐車場基本設計完了（2月）
	新宿駅西口広場及び地下駐車場の確認申請提出（2月）
	坂倉準三建築研究所，小田急ビル設計完了（2月）
	新宿駅改良工事（小田急ビル南側地下2階〜1階の駅施設部分工事を含む）竣工，立体駅完成（2月）
	坂倉準三建築研究所，新宿駅西口広場及び地下駐車場の実施設計受託（4月）
	新宿東口ステーションビル竣工（5月）
	新宿駅西口広場及び地下駐車場の実施設計完了（7月）
	首都高速4号新宿線，新宿出入口（三宅坂JCT方面）開通（8月）
	新宿副都心建設公社は小田急電鉄に広場工事を委託する契約締結（10月）
	新宿駅西口広場及び地下駐車場の建築確認申請認可（10月）
	西口広場及び地下駐車場起工式（10月）
	街路4号線（西口広場寄り160m）開通（10月）
	京王新宿駅ビル竣工（京王百貨店開店）（11月）

	小田急ビル工事着工（12月）
	西口広場及び地下駐車場工事着工（12月）
1965(S40)年	西口広場第1回交通切り替え，広場北側から掘削開始（1月）
	小田急ビル南側2階（小田急線ホーム上部）に人工地盤着工．工事中の資材置場，付置義務駐車場にするとともに，新宿駅南口への連絡路を確保（7月）
	西口広場第2回交通切り替え，北側バス停部分完成し中央開口部掘削開始（10月）
1966(S41)年	地下鉄ビル（設計　鉄道会館，小田急百貨店新館）竣工（9月）
	小田急ビル（9～14階，人工地盤）建築確認申請認可（10月）
	西口広場竣工，広場供用開始，地下駐車場開業（11月）
	西口広場地下名店街開業（12月）
1967(S42)年	小田急ビル竣工，小田急百貨店本館開業，旧館を別館ハルクと改称（11月）
1968(S43)年	新宿西口副都心造成工事完成（3月）
	新宿副都心建設公社解散（3月）
	国際反戦デー（10月21日）に中核派などが新宿駅に集結し「新宿騒乱事件」が起こり機動隊出動，逮捕者が出る．駅機能麻痺
1969(S44)年	首都高速道路4号新宿線　新宿上り入口，下り出口開通（3月）
	西口広場でフォーク集会．後にフォーク・ゲリラに．機動隊初出動（5月）
	フォーク・ゲリラに全共闘参加．警察指導により「広場」は「通路」に名称変更（7月）
1971(S46)年	京王プラザホテル開業，新宿副都心の超高層ビル第1号（6月）
1976(S51)年	京王新宿地下名店街（京王新宿モール），新宿南口駐車場開業（3月）
	新宿南口ルミネ開業（3月）
1980(S55)年	都営地下鉄新宿線，新宿―岩本町（―東大島）開通（京王線乗り入れ）（3月）
1984(S59)年	地下1階都営駐車場廃止（9月）
	小田急新宿ミロード竣工（11月）
1985(S60)年	都営駐車場跡地歩行空間化（舗装）．総合案内所（新宿区・NTT）開設（4月）
	小田急ハルク前歩道橋（カリヨン橋）完成（6月）
1988(S63)年	動水池改修，モビールのある噴水池となる（4月）
1989(H01)年	新宿エルタワー竣工（サッポロビル跡地）（6月）
1990(H02)年	地上広場南側一部緑化（3月）
1991(H03)年	東京都庁舎供用開始，新宿副都心計画が都市計画事業決定されてから30年を経て，首都行政の中枢である新都庁舎が完成し，業務地区としての新宿副都心建設事業の中心が整う（3月）
1996(H08)年	街路4号線地下歩道に動く歩道完成（7月）
1997(H09)年	都営地下鉄12号線（大江戸線）新宿―練馬（―光が丘）放射部開通（12月）
1998(H10)年	ダンボール村火災事件．西口広場地階にあった50以上のダンボールハウス焼失，4人焼死（2月）
	小田急サザンタワー，新宿サザンテラス竣工（2月）
2000(H12)年	イベントコーナー開設（7月）
	西口広場耐震補強工事終了（12月）
	都営地下鉄大江戸線　新宿―千駄ヶ谷（―都庁前）環状部開通（12月）
2012(H24)年	噴水池撤去，植栽化（3月）
2016(H28)年	JR新南口駅と新宿高速バスターミナル（バスタ新宿）開業（4月）

2　新宿駅西口広場及び地下駐車場・小田急ビル参考文献

（無印は新宿駅西口広場及び地下駐車場参考文献，●は小田急ビル参考文献，●●は両者に関連する文献を示す）

（専門誌，特集，臨時増刊を含む）

1965年　伊藤ていじ「1 新しい伝統はこうして形成される　新宿駅複合体生まれる」「2 胎動する新宿」『国際建築』6512

1967年　「世界で初の二層式広場　新宿駅西口と地下広場」『建築設備』6702
　　　　東孝光「新宿駅西口広場と駐車場　計画最大のポイントと中央開口部」『建築設備』6702
　　　　森新一郎「新宿駅西口広場と自動車駐車場の設備」『建築設備』6702（本書に収録）
　　　　「SD NEWS　都市的なストラクチュア　新宿駅西口広場」『SD』6702
　　　　「新宿駅西口広場・地下駐車場」『新建築』6703
　　　　水谷頴介「ルポルタージュ　新宿副都心計画の一環としての西口広場と地下駐車場」『新建築』6703
　　　　「新宿西口広場・地下駐車場」『建築』6703
　　　　東孝光・田中一昭「地下空間の発見」『建築』6703
　　　　「新宿駅西口広場と商店街」『商店建築』6703
　　　　東孝光「新宿駅西口開発に当たって」『商店建築』6703
　　　　浜口隆一「太陽と泉の広場　文明・文化のバランス感覚」『商店建築』6703
　　　　「新宿西口広場・駐車場」『建築界』6703
　　　　「新宿駅西口広場と地下駐車場」『ジャパンインテリア』6704
　　　　東孝光「開かれた人間のための空間」『ジャパンインテリア』6704
　　　　「集団店舗造成とその運用について　新宿西口の場合を例に　東孝光氏に聞く」『商店建築』6704
　　　　泉真也「評判はいいけれど ⑧ あるべきところにないデザイン・新宿西口広場と駐車場」『室内』6705
　　　　「新宿西口広場」『L'Architecture D'Aujourd'hui』6706 – 07
　　　　東孝光「都市施設としてのターミナル周辺その複合化の生態について」『建築雑誌』6707（本書に収録）
　　　　石本泰博（写真）「新宿駅西口広場とその周辺　顔のない世界」『SD』6712

1968年　「新宿駅西口広場・地下駐車場　アンケート1967」『新建築』6801
　　　　「小田急新宿西口駅本屋ビル」『ジャパンインテリア』6801 ●
　　　　「小田急スカイタウン　展望食堂街」『商店建築』6801 ●
　　　　「新宿駅西口広場及び地下駐車場」『FORUM』6801 – 02
　　　　「広場・カーテンウォール・車・人　新宿西口」『a＋a』6803 ●●
　　　　「新宿西口駅本屋ビル」『新建築』6803 ●
　　　　佐々木隆文「新しい都市空間の形成　新宿駅西口の意味するもの」『新建築』6803 ●●
　　　　「新宿西口駅本屋ビル」『建築』6803 ●
　　　　阪田誠造「新宿駅西口駅本屋ビル　設計要旨」『建築』6803 ●
　　　　「小田急新宿西口駅本屋ビル」『近代建築』6803 ●
　　　　阪田誠造「新宿駅西口駅本屋ビル　設計要旨」『近代建築』6803 ●
　　　　「新宿駅西口広場・地下駐車場　アンケート」『JA』6803
　　　　「新宿西口駅本屋ビル」『ディテール』68春号 ●
　　　　「新宿駅西口広場・地下駐車場」『JA』6805
　　　　「新宿西口駅本屋ビル」『JA』6805 ●
　　　　坂倉準三建築研究所「階段の設計　ケーススタディ　新宿西口駅本屋ビル＋西口広場・地下駐車場」『建築知識』6808 ●●
　　　　「小田急新宿西口ビル」『SD』6808 ●
　　　　堀内亨一「42年度学会賞受賞業績　新宿副都心開発計画における駅前広場の立体的造成」（推薦理由を含む）『建築雑誌』6810（本書に収録）
　　　　藤木忠善「極限状況からのオムニバス（第一節）」『建築』6812

資料編　121

1969年　山田正男・中嶋猛夫「新宿副都心建設計画について（42年度石川賞紹介）」『都市計画』6902
1970年　竹村真一郎「坂倉準三と都市計画」『建築（特集 坂倉準三建築研究所 1937-1969)』7006
1978年　鈴木信太郎「新宿駅西口広場の計画とその歩み」『都市計画』7803
1982年　『別冊新建築　日本現代建築家シリーズ ④ 東孝光』8204
1991年　越沢明「新宿西口の都市改造　新宿新都心のルーツ」『地域開発』9104
1993年　「新宿駅：西口広場，西口ビル，小田急百貨店　坂倉建築研究所半世紀の記録」『PROCESS: Architecture』No.110, 9305 ●●
1999年　植野糾「難波，渋谷，新宿　アーバンデザインの系譜（南海会館，東急会館，新宿駅西口広場，新宿駅西口ビル他)」『新建築　臨時増刊』9909 ●●
2005年　松隈洋「モダニズム建築を記憶する　DOCOMOMO 100選が照らし出すもの」，松隈章「新宿駅西口広場・駐車場」『JA』0504
　　　　　西成典久「新宿西口広場の成立と広場意識　西口広場から西口通路への名称変更問題を通じて」『都市計画』0510

(一般誌)
1969年　東野芳明「新宿西口'広場'の生態学」『中央公論』6910
1970年　関根弘「新宿西口広場の歴史」『思想の科学』7007

(新聞，週刊誌)
1966年　「新宿西口広場いよいよあす完成」『朝日新聞（東京版)』661124
　　　　　「"二層式"広場オープン」『毎日新聞（夕刊)』661125
　　　　　「世界初の"駅前立体広場"」『読売新聞（夕刊)』661125
　　　　　「副都心'新宿'ができました　すっかり変わった盛り場のイメージ」『週刊朝日』661202
　　　　　「華麗なる'新宿戦争'の秘密」『週刊読売』661216
1967年　「ここに始まってここにかえる　都市は改造される・新宿」『毎日グラフ』670101 + 08
　　　　　原広司「不確定を培養する街」『朝日ジャーナル（特集 新宿・巨大なアミーバ)』671231
1969年　朝倉敏博「土曜の夜・騒乱祭」『アサヒグラフ』690613
　　　　　「奇妙な街・奇妙な広場の奇妙な集会　新宿西口の土曜ショー」『毎日グラフ』690706
　　　　　「いいじゃないかいいじゃないか　新宿駅西口広場のバカ騒ぎ」『毎日グラフ』690713
　　　　　「広場　私のカラー」『朝日（金曜第二部 首都圏特集)』690718（フォークソング集会写真＋山本太郎氏の「広場を育てよ」との趣旨の詩)
　　　　　「広場か通路か　過密都市の悩み」『朝日新聞（東京版)』690724
　　　　　小田実「「6・15現象」・ギター・人々」『アサヒグラフ』690801
　　　　　堀込庸三・平林たい子「論争　日本の広場から思想は生まれるか」『朝日新聞（東京版)』690826

(単行本その他)
1965年　重田忠保『踊り出す立体都市　新宿副都心の話』新宿副都心建設公社
1966年　『新宿駅西口広場竣功記念』小田急電鉄
　　　　　『新宿駅西口広場概要』新宿副都心建設公社
　　　　　『新宿副都心のあらまし』新宿副都心建設公社
1967年　「新宿駅西口広場及び駐車場完成」『鹿島建設月報』6702（着工ニュース6411，工事中ニュース6508）
　　　　　『URBAN RENEWING　新都心のあけぼの　新宿西口駅本屋ビル竣功・小田急百貨店全館完成』小田急電鉄・小田急百貨店 ●

1968年	「1 新宿副都心建設の目的, 2 淀橋浄水場と新宿副都心計画, 3 公社設立の意義と経過, 4 新宿副都心計画, 5 公社の機構と組織, 6 公社の経理, 7 用地補償の計画と実施, 8 工事施工の状況, 9 宅地の造成とその利用計画, 10 広報活動, 資料」『（財）新宿副都心建設公社事業史』新宿副都心建設公社
	映画『新しい都心の誕生』東京都映画協会（制作年不詳）
	映画『新宿副都心』東京都映画協会・都広報室（制作年不詳）
	深作光貞『新宿考現学』角川書店
	奥野健男「新宿副都心の小田急ビル」『アプローチ』竹中工務店, 68春号 ●
1971年	藤井博巳（解説）「新宿西口広場・ターミナルビル 他」『現代日本建築家全集11』三一書房 ●●
1973年	「新宿副都心の再開発計画1960・新宿副都心建設計画について1969」『時の流れ・人の流れ　山田正男論文集』都市計画学会
1975年	竹村真一郎「新宿西口広場1966　ある問答」『大きな声』鹿島出版会
1978年	『新宿区史　区成立30周年』新宿区
1980年	『小田急五十年史』小田急電鉄 ●●
1981年	「ターミナル駅 2 新宿駅」『建築設計資料集成8』日本建築学会・丸善 ●●
1992年	『小田急エース25年のあゆみ』小田急エース名店会
1993年	『ステイション新宿』新宿歴史博物館 ●●
1995年	阪田誠造『坂倉準三の有能な弟子』芸大藤木研究室25周年記念冊子 ●●
1996年	久保田晃「建築家・坂倉準三先生」, 坂倉ユリ編『坂倉準三思い出文集』●●
1997年	岡本昭一郎『西新宿物語　淀橋浄水場から再開発事業まで』日本水道新聞社
	新宿連絡会『新宿ダンボール村・闘いの記録』現代企画社
1998年	『新宿区史　第2巻』新宿区
	中村智志『段ボールハウスで見る夢』草思社
1999年	勝田三良・河村茂『新宿・街づくり物語　誕生から新都心まで』鹿島出版会
	笠井和明『新宿ホームレス奮戦記』現代企画社
2001年	『東京の都市計画に携わって　元東京都首都整備局長・山田正男氏に聞く』（財）東京都新都市建設公社まちづくり支援センター
2003年	『小田急75年史』小田急電鉄 ●●
2004年	木下ユリ「新宿副都心エリアの計画・設計の経緯と現状に関する研究」早稲田大学社会環境工学科卒業論文
2005年	加藤明日香「坂倉準三の設計手法に関する史的研究　建築作品にみる都市的視座」日本大学大学院理工学研究科（建築史建築論研究室）修士論文 ●●
2006年	大川三雄・渡邉研司『DOCOMOMO選　日本のモダニズム建築100＋α』河出書房新社
	『新宿の1世紀アーカイブス』生活情報センター
2007年	『新宿時物語』新宿区総務部
	『新宿文化絵図』新宿区地域文化部
2009年	松隈洋「坂倉準三の建築　その都市と公共空間へのまなざし」, 青井哲人「難波・渋谷・新宿　戦後都市と坂倉準三のターミナルプロジェクト群」『建築家 坂倉準三』展覧会カタログ, 神奈川県立近代美術館鎌倉 ●●
	『新宿風景』新宿区生涯学習財団・新宿歴史博物館
2012年	東孝光「続々モダニズムの軌跡」, 東孝光×古谷誠章「対談　住み方は建築家が定義するものでない」『INAX REPORT』1201, LIXIL
2013年	戸沼幸市『新宿学』紀伊國屋書店
	「新宿西口"広場"の生態学」『虚像の時代　東野芳明美術批評選』河出書房新社
	『小田急百貨店50年史』小田急百貨店 ●

資料編　123

	迫川尚子『新宿ダンボール村　迫川尚子写真集1996‐1998』ディスクユニオン
2014年	「特集2　建築ソリューション4　新宿駅西口広場・地下駐車場」，中島直人「広場とは何だろうか」，阪田誠造・藤木忠善・古谷誠章「鼎談　広場とは何だろうか　「透明な空間」としての新宿西口広場」『LIXIL eye』1402，LIXIL
	大木晴子・鈴木一誌『1969新宿西口地下広場』（大内田圭弥監督「'69春〜秋 地下広場」DVD付）新宿書房
	藤木忠善『新宿西口広場に穴を明ける』国立近現代建築資料館オーラルヒストリー（DVD）
2015年	北沢友宏ほか『目で見る新宿区の100年』郷土出版社
	阪田誠造『建築家の誠実　阪田誠造 未来へ手渡す』建築ジャーナル●●
2016年	田村圭介ほか『新宿駅はなぜ1日364万人をさばけるのか』SBクリエイティブ

3　坂倉準三の都市デザイン関係参考文献（新宿駅西口広場関係を除く）

（専門誌，特集，臨時増刊を含む）
1940年　「新京南湖住宅計画」『現代建築』4008
1941年　坂倉準三「特輯・新しき都市：東京都市計画への一試案　子供の計画」『新建築』4104
1951年　「髙島屋大阪難波新館・改増築（ニューブロードフロアー）」『国際建築』5106
　　　　坂倉準三「南海ビルと南海電鉄高架下の接続部分を打ち貫き…　設計要旨」『国際建築』5106
1954年　「東急会館計画案」『国際建築』5401
　　　　馬淵寅雄・赤木幹一「渋谷交通ターミナルに就いて」『新都市』5411
1955年　「東急会館」『建築文化』5501
　　　　坂倉準三「東急会館設計について」『建築文化』5501
　　　　「東急会館」『近代建築』5501
　　　　坂倉準三建築研究所「東急会館の設計について」『建築雑誌』5502
1956年　「東急文化会館」『国際建築』5701
　　　　「東急文化会館」『建築界』5701
　　　　「東急文化会館」『建築文化』5702
　　　　「東急文化会館」『近代建築』5702
1958年　「南海会館」『国際建築』5805
　　　　「南海会館」『建築文化』5806
　　　　井上堯「大阪の都市」『建築文化』5806
1963年　西澤文隆「心斎橋アーケード（コートハウスへの誘い）」『建築』6303
　　　　「名神高速道路の建築　大津，栗東，京都東，京都南，茨木，豊中，尼崎」『近代建築』6309
1965年　稲石弘「名神高速道路一の宮トールゲートと管理事務所　設計要旨」『建築文化』6510
1966年　「住宅と都市と環境」『新建築』6605（坂倉準三への一問一答）
　　　　藤木忠善（書評）「［ライブラリー］ル・コルビュジエ著　坂倉準三訳　輝く都市――都市計画はかくありたい」『新建築』6607
　　　　宮崎慶二「名神高速道路養老レストハウス　設計要旨」『新建築』6607
　　　　坂倉準三「緑したたる大東京計画　ここに働く人たちによろこびを与えるための改造計画にふれて」『建築東京』6608
1967年　「名古屋近鉄ビル」『新建築』6703
　　　　「名古屋近鉄ビル」『建築』6704
　　　　小室勝美「近鉄空間のシンボル」『建築』6704
1968年　「東名高速道路とその施設群」『建築文化』6806
1969年　「東名高速道路インターチェンジ料金所」『ディテール』69秋季号（#22）
1970年　竹村真一郎「坂倉準三と都市計画，南海電鉄難波コンコース1970，渋谷再開発計画1966，新宿駅西口広場1966，近鉄奈良駅1970，池袋副都心地区再開発計画1964，羽島市計画1961」『建築』7006
　　　　「渋谷駅西口ビル」『建築』7011
　　　　水谷碩之・田中一昭「渋谷駅西口ビルについて」『建築』7011
　　　　「近鉄奈良ターミナルビル」『商店建築』7011
　　　　竹村真一郎「奈良市の保存と開発計画のための一環としての近鉄ターミナルビル」『商店建築』7011
1976年　西澤文隆「心斎橋アーケード　設計者の記録」『商店建築』7608
1999年　植野糾「難波・渋谷・新宿　アーバンデザインの系譜　（新京南湖住宅地計画，髙島屋ニューブロードフロアー，南海会館，東急会館，新宿駅西口広場，新宿駅西口ビル）」『新建築　臨時増刊』9909

(一般雑誌)
1960年　「京王帝都井之頭線渋谷駅完成」『交通技術』6007
1964年　「東急渋谷駅完成」『運転協会誌』6406
2011年　小野田滋「東京鉄道遺産をめぐる旅　駅前広場の思想　渋谷駅前広場　その1，2」『鉄道ファン』1107，1108
　　　　小野田滋「東京鉄道遺産をめぐる旅　共同駅とモダニズム建築　玉電ビルから東急会館へ　その1，2」『鉄道ファン』1110，1111
　　　　小野田滋「東京鉄道遺産をめぐる旅　共同駅とモダニズム建築　国鉄渋谷駅改良工事と西口共同駅」『鉄道ファン』1112

(新聞，週刊誌)
1960年　馬淵寅雄「坂倉さんと都市計画」『日刊建設通信（特集号　坂倉準三建築研究所戦後作品集）』600201
1964年　「世界人と平和問答「輝く都市　輝く命を　身近な平和参画　坂倉準三からル・コルビュジエ先生へ」」『読売新聞』640726

(単行本その他)
1954年　『東急会館竣工パンフレット』東急電鉄
1955年　坂倉準三建築研究所（駒田知彦編集）『東急会館工事報告』東急電鉄
1956年　『東急文化会館竣工パンフレット』東急電鉄
　　　　ル・コルビュジエ『輝く都市――都市計画はかくありたい』坂倉準三訳，丸善
1957年　『70周年記念事業南海会館　南海70年のあゆみ』南海電気鉄道
1960年　浜口隆一「東急会館　渋谷東急建築群」『世界建築全集13』平凡社
1961年　浜口隆一「商業とウルバニズム　坂倉準三の仕事をとおして」『SPACE MODULATOR』#8，日本板硝子
1965年　『最近の10年（南海電鉄80周年）』南海電気鉄道
1966年　『渋谷再開発計画'66』渋谷再開発促進協議会―渋谷再開発ビジョン研究グループ（代表坂倉準三）
1968年　『髙島屋135年史』髙島屋
1971年　藤井博巳（解説）「新宿西口広場・ターミナルビル，渋谷ターミナル，難波ターミナル，新京南湖住宅計画他」『現代日本建築家全集11』三一書房
1973年　「東急会館の建設，渋谷駅の改良，渋谷再開発協議会の発足，渋谷駅西口ビルの建設」『東京急行電鉄50年史』東京急行電鉄
1982年　「大阪店ニューブロードフロアー完成，新館増築完成」『髙島屋百五十年史』髙島屋
1985年　『南海電気鉄道百年史』南海電気鉄道
2009年　松隈洋「高速道路トールゲート，坂倉準三の建築　その都市と公共空間へのまなざし」，青井哲人「難波・渋谷・新宿――戦後都市と坂倉準三のターミナルプロジェクト群」『建築家坂倉準三』展覧会カタログ，神奈川県立近代美術館鎌倉
　　　　石田雅人「坂倉準三と渋谷計画　大都市ターミナル形成の一例として」明治大学理工学研究科建築学専攻2008年度修士論文
2012年　「50年前に練られた渋谷再開発計画66，渋谷駅から消える坂倉準三の作品群」『SHIBUYA 202X』日経BP社
2013年　田村圭介「坂倉準三の独り舞台」『迷い迷って渋谷駅』光文社

4　新宿駅西口広場及び地下駐車場建設関係者資料 （役職名は計画または施工当時）

(東京都首都整備局)
　　　局長　山田正男
　　　(以下　担当部局のみ)
　　　都市計画第1部　市街地計画課　松浦義二　松久公保　中島猛夫
　　　都市計画第2部　施設計画課　　武田宏　鈴木信太郎　谷口丕

(5人委員会)
　　　高山英華，松井達夫，松田軍平，坂倉準三，山田正男
　　　(首都整備局山田正男局長の諮問機関)

(臨時技術委員会)
　　　委員長　新宿副都心建設公社理事，工事部長　武富己一郎
　　　委員　　首都高速道路公団公務部　　　　　　松崎彬麿
　　　　　　　同　　　　　　　　　　　　　　　　塚田博
　　　　　　　建設省土木研究所道路部長，工博　　伊吹山四郎
　　　　　　　同　　　　　トンネル研究室　　　　伊達英夫
　　　　　　　東京大学航空研究所，工博　　　　　河村竜馬
　　　　　　　東京都首都整備局
　　　　　　　　都市計画第1部市街地計画課　　　松浦義二
　　　　　　　　同　　第2部施設計画課　　　　　武田宏
　　　　　　　新宿副都心建設公社工務部計画課　　吉田四郎
　　　　　　　　同　　　　　　　　工事課　　　　鈴木三郎
　　　幹事　東京都首都整備局　都市計画第1部　市街地計画課
　　　　　　同　　　　　　　　都市計画第2部　施設計画課

(小田急電鉄臨時建設部)
　　　部長　田中吉次
　　　新宿西口総合建設事務所　所長　　秋草裕（第二課長，後に次長）
　　　　　　　　　　　　　　　副所長　千々波天身（第二課　設備係長）
　　　　　　　　　　　　　　　　　　　吉岡功人（第一課長）
　　　　　　　　　　　　　　　　　　　細谷富雄（第一課建築係長）
　　　　　　　　　　　　　　　　　　　当麻唯雄（第二課土木係長）
　　　　　　　　　　　　　　　　　　　羽鹿昭士（現場所長）
　　　　　　　　　　　　　　　　　　　三浦隆（第二課）
　　　　　　　　　　　　　　　　　　　亀井稔（第一課　店舗工事担当）

新宿副都心建設公社（1960～1968）
　　　理事長　鈴木俊一
　　　　　　　重田忠保
　　　(理事，総務部，経理部は略)
　　　公務部　計画課長　吉田四郎
　　　　　　　工事課長　才木行正
　　　　　　　　　　　　鈴木三郎

   工事第1課長 吉田四郎
   工事第2課長 才木行正

(坂倉準三建築研究所)
  基本設計 谷内田二郎，吉村健治，阪田誠造，藤木忠善，小川準一，久保田晃 他
  実施設計 谷内田二郎，吉村健治，東孝光，田中一昭，吉村篤一，北川稔 他
  監理   谷内田二郎，吉村健治，東孝光，田中一昭，吉村篤一，北川稔 他

  構造（東京建築研究所）
    横山晶好，佐野元昭，藤城貞（設計），大野鎮雄，大鹿不二男，古山誠二（監理） 他
  設備（櫻井建築設備研究所）
    宮川清，高杉衛，森新一郎，花田浩至，岡俊夫，金森健 他
  サインボード（GKデザイン研究所）

(建築施工)
  鹿島建設 岡本大一 他
  野村工事 不詳
  間組   佐藤四郎 他
  西松建設 本間俊之 他

(設備施工)
  三菱電機 織茂正則 他
   電気設備／弘電社，神奈川電気，日本電設工業，昭和電機工業，宇田川電気工業
   空調設備／三協興業，東京冷熱工業，高砂熱学工業，
   給排水設備／城口研究所，西原衛生工業所

(測量)
  東光測量建設

出典一覧

坂倉建築研究所：pp.10-11, p.31図1-2, p.32図2-1・2-2, p.83図1, p.87図5-1〜図5-4, p.88図6-1, p.89図7-1, p.90図8-1, p.94図1〜図4, p.95図5, p.96図6, p.97図7・図8, p.98図9〜図11, p.99図13, p.101図15・16
坂倉準三建築研究所作成／国立近現代建築資料館所蔵：
　　pp.20-28, pp.36-42, p.98図12, p.100図14-1・図14-2

大橋富夫『商店建築』1967年3月号：pp.6-7上, p.8下
『建築文化』1955年2月号：p.88図6-2
新建築社写真部：p.1, p.8上, p.9上・下, p.90図8-2
『新宿副都心建設公社事業史』：p.19図1
新宿歴史博物館：p.19図2, p.31図1-1, p.33図2-3,
平比良敏雄：p.85図3, p.89図7-2
日本建築学会：p.53-64
フォワードストローク：p.12上・下
毎日新聞社：pp.6-7下, p.44図1, p.45図2
村井修：p.29図8
村沢文雄：p.85図4
©FLC / ADAGP, Paris & JASPAR, Tokyo, 2016
C1221：p.103図1, p.106図2・図3, p.110図5・図6, p.111図7, p.112図8, p.113図10
André Siegfried (ed.), *L'œuvre de Henri Prost : architecture et urbanisme*, Académie d'architecture, impr. 1960：p.108図4

あとがき

　新宿駅西口広場は1964年の東京オリンピックの際，山田正男首都整備局長主導のもとに進められた首都高速をはじめとする東京のインフラ整備の延長であるとともに，1950年代からの東京都の新宿副都心計画と小田急電鉄の地下駐車場と地下通路建設の夢が叶った計画であった．時が流れ，2度目の東京オリンピックが決まり，新宿駅南口にはバスタ新宿が完成するなど，新宿駅周辺の新しい再開発の話も聞こえてくる．この西口広場が今後，どのような運命を辿るのかは不明だが，東京都，国鉄，小田急電鉄，京王電鉄，営団地下鉄，民間設計事務所が協力して完成したこの西口広場は，建築と土木が合体した仕事で，単体の建築と違って，まとまった建設記録はない．今年が西口広場の供用開始からちょうど50周年に当たるのを機に建設の記録を纏めたのがこの書である．調査は2010年に始まったが，記録の散逸，関係者の高齢化などで遅々として進まず6年が経過した．やっと編集が整った頃，実施設計監理担当であった東氏が他界．続いて西口開発の総括担当であった阪田氏がこの出版を待たずに他界された．刊行会一同，心からご冥福を祈るばかりである．

　第1章は設計者の立場から記された建設経緯である．集めた資料を参考に記憶をたどり，小川，田中，水谷と私が執筆を担当，阪田が監修した．第2章は西口広場竣工当時の論文3点を再録した．東京都首都整備局担当者の解説文，実施設計監理担当者のターミナル施設論，そして地下広場の設備担当者の技術報告である．これらの論文によって幾らかでも，当時の状況を理解して頂けることを願う．第3章の萬代，山名両氏と私の論文は，

文学部出の坂倉準三が住宅から発して，このような公共施設を設計するに至った経緯を時代背景とともに明らかにしながら，坂倉準三の都市デザインについて，それぞれ異なる角度から論じたものである．この論点が官民の協力，民間活力の導入など，これからの社会の在り様を示す一つの例として，また，建築家の役割とデザインの社会的有用性について考える機会となれば幸いである．

　巻末の資料編は建設経緯年譜などの資料である．関連資料として西口広場以外の坂倉準三の都市デザイン関係参考文献を付した．最後の新宿駅西口広場及び地下駐車場建設関係者資料は，まだ調査中で不完全なものであるが，今後の研究資料として，あえて掲載することにした．この資料に失礼があればお許し頂きたい．

　この本の出版にあたって，序文を頂いた坂倉建築研究所会長 坂倉竹之助氏，ご推薦を頂いた日本建築家協会，ご助力を頂いた大原美術館長 高階秀爾氏，当刊行会の意図にご理解を頂いた鹿島美術財団理事長 鹿島昭一氏，坂倉準三建築研究所の昔に触れた論文の校閲をお願いしたOBの北村脩一氏，国立近現代建築資料館，坂倉建築研究所はじめ資料，写真，論文再録などの許可を頂いた方々に厚く御礼申し上げる．また，東京都第三建設事務所，新宿新都心開発協議会，新宿区，小田急電鉄，東京急行電鉄，鹿島建設，安藤・間，西松建設の方々には建設経緯の調査にご協力頂いた．ここに記して感謝申し上げる．最後に長期間にわたり，ご苦労をお掛けした鹿島出版会および担当の川嶋勝，渡辺奈美の両氏に心から謝意を表する．
（藤木忠善）

執筆者略歴 （五十音順）

東孝光（あずま　たかみつ／1933〜2015年）
建築家
大阪生まれ．1957年大阪大学工学部構築学科卒業，同年郵政省建築部．1960〜1967年坂倉準三建築研究所．1968年東孝光建築研究所設立，1985年東孝光＋都環境・建築研究所設立．1985年大阪大学工学部環境工学科教授．1997年千葉工業大学デザイン学科教授．
新宿駅西口広場及び地下駐車場実施設計監理担当．

小川凖一（おがわ　じゅんいち）
インテリア・デザイナー
1936年東京生まれ．1959年東京芸術大学美術学部建築科卒業．1959〜1964年坂倉準三建築研究所．1964年渡仏，建築事務所勤務の後，1978年パリにインテリア・デザイン事務所ATELIIER OD. S.A.R.L設立（〜2008年）．フランス，日本，韓国，台湾のホテルインテリアをデザイン．
新宿駅西口広場及び地下駐車場基本設計担当．

阪田誠造（さかた　せいぞう／1928〜2016年）
建築家・日本建築家協会名誉会員
大阪生まれ．1951年早稲田大学理工学部建築学科卒業．1951〜1969年坂倉準三建築研究所，1969年坂倉建築研究所東京事務所長，1985年同代表取締役，1999年同最高顧問．1988〜1990年群馬県ぐんま21世紀委員会委員．1989〜1995年東京都設計候補選定委員会委員．1989年新日本建築家協会理事，1990〜1992年同副会長．1993〜1999年明治大学理工学部建築学科教授．高松宮記念世界文化賞アジア委員会委員．日本建築美術工芸協会会長．大塚国際美術館評議員．
小田急ビル設計監理／新宿駅西口広場及び地下駐車場基本計画担当．

田中一昭（たなか　かずあき）
建築家
1939年山梨生まれ．1962年早稲田大学第一理工学部建築学科卒業．1962〜1969年坂倉準三建築研究所，1969〜1970年坂倉建築研究所．1972年田中一昭建築設計事務所設立，1994年テスク建築設計事務所設立．
新宿駅西口広場及び地下駐車場実施設計監理担当．

藤木忠善（ふじき　ただよし）
建築家・東京芸術大学名誉教授・日本建築家協会名誉会員
1933年東京生まれ．1956年東京芸術大学美術学部建築科卒業．1956〜1964年坂倉準三建築研究所．1964年東京芸術大学美術学部建築科講師，助教授を経て1986〜2001年教授．1988年新日本建築家協会理事，1990年同副会長．『大きな声―建築家坂倉準三の生涯』編纂．
新宿駅西口広場及び地下駐車場基本設計担当．

堀内亨一（ほりうち　こういち／1918〜2001年）
東京都都市計画技官
東京生まれ．1940年東京帝国大学工学部建築学科卒業．1964年東京都首都整備局都市計画第一部長．1972〜1975年東京都首都整備局長．
東京都首都整備局において副都心計画担当．

萬代恭博（まんだい　やすひろ）
建築家・坂倉建築研究所
1964年神奈川生まれ．1987年京都工芸繊維大学工芸学部住環境学科卒業．1987年坂倉建築研究所．2006年〜東京理科大学非常勤講師，2013〜2016年東京電機大学非常勤講師，2009年神奈川県立近代美術館鎌倉館「坂倉準三展」およびパナソニック汐留ミュージアム「坂倉準三展」制作委員，2013年国立近現代建築資料館「坂倉準三展」実行委員会WG，2014年坂倉準三建築資料の国立近現代建築資料館への収蔵協力．

水谷碩之（みずや　ひろゆき）
建築家
1938年愛知生まれ．1962年日本大学工学部建築学科卒業．1962〜1969年坂倉準三建築研究所，1969〜1971年坂倉建築研究所．1971年アーキブレーン設立，1984年アーキブレーン建築研究所設立．1986〜1992年日本大学理工学部非常勤講師，1998〜2004年同大学院非常勤講師．
小田急ビル設計監理担当．

森新一郎（もり　しんいちろう）
建築設備士
1931年東京生まれ．1959年早稲田大学理工学部機械工学科卒業．1959年櫻井建築設備研究所．1967〜2003年ACE建築設備研究所．1964年芝浦工業大学建築工学科兼任講師．
新宿駅西口広場及び地下駐車場設備工事設計監理担当．

山名善之（やまな　よしゆき）
東京理科大学教授
1966年神奈川生まれ．1990年東京理科大学工学部第一部建築学科卒業．香山アトリエ／環境造形研究所，アンリ・シリアニ・アトリエを経て，国立パリ・ベルヴィル建築大学DPLG（Architecte diplômé par le gouvernement）課程修了．2002年パリ大学1パンテオン・ソルボンヌ校 ソルボンヌ美術史考古学研究所 近現代建築史 博士課程修了．docomomo international理事，日本イコモス理事．2014年坂倉準三建築資料の国立近現代建築資料館への収蔵，国立近現代建築資料館「坂倉準三展」，2015年「ル・コルビュジエ×日本―国立西洋美術館を建てた3人の弟子を中心に」などを文化庁主任建築資料調査官（兼務）としてまとめる．国立西洋美術館を含む世界遺産推薦書類「ル・コルビュジエの建築作品」起草学術委員．

新宿駅西口広場　坂倉準三の都市デザイン

2017年2月20日　第1刷発行

著者　　新宿駅西口広場建設記録刊行会
発行者　坪内文生
発行所　鹿島出版会
　　　　〒104-0028　東京都中央区八重洲2-5-14
　　　　電話03-6202-5200　振替00160-2-180883

印刷・製本　　　三美印刷
カバー基本デザイン　渡邉 翔

©Tadayoshi FUJIKI 2017, Printed in Japan
ISBN 978-4-306-07330-2　C3052

落丁・乱丁本はお取り替えいたします。
本書の無断複製（コピー）は著作権法上での例外を除き禁じられています。
また、代行業者等に依頼してスキャンやデジタル化することは、
たとえ個人や家庭内の利用を目的とする場合でも著作権法違反です。

本書の内容に関するご意見・ご感想は下記までお寄せ下さい。
URL: http://www.kajima-publishing.co.jp/
e-mail: info@kajima-publishing.co.jp